Basic esthetics

베이직 에스테틱

박경선 김경연 장현숙 공저

구민사

PREFACE

머 리 말

최근 삶의 질적 향상에 대한 욕구가 증대됨으로써 여성들의 경제활동이 증가하고, 뷰티산업이 빠르게 성장하고 있습니다. 이 시점에서 피부미용이 학문적으로 정립이 필요하여 2015년 고용노동부와 한국산업인력공단이 발표한 NCS국가직무능력표준을 기반으로 현장경력이 있는 산업체 및 교육경력을 갖춘 저자들이 함께 집필하였습니다.

본 교재는 체계적으로 이론을 정립하고 현장감 있는 실기를 초보자도 따라할 수 있도록 이해하기 쉽게 구성하였습니다.

안면관리 및 전신관리의 기초부터 마무리까지 구체적이며 실질적인 자료로 정리하여 내용을 보다 쉽고 정확하게 전달하고자 합니다. 동작순서 및 테크닉 순서를 직접 그리면서 정리할 수 있는 장점이 있으며 관리 시 준비사항, 딥 클렌징, 팩과 마스크 등의 적용법은 상세하게 설명하였습니다.

부디 이 교재가 피부관리 이론 및 실기의 기본기가 되고 배우고자 하는 분들에게 도움이 되길 바랍니다.

끝으로 이 책이 출판하기까지 도움을 주신 도서출판 구민사 조규백 대표님을 비롯하여 임직원 여러분들께 감사의 말씀을 올립니다.

2020.2 저자대표

CONTENTS

차 례

PART 01 에스테틱개론

PART 02 에스테틱이론

PART 04 전신관리실무

PART 01

에스테틱 개론

Chapter

01 에스테틱 개요

1 에스테틱

1) 정의

피부미용이란 과학적 지식을 바탕으로 피부를 아름답고 청결하게 하고 건강하게 유지하고 개선시키는 과정이다. 피부미용을 위해 매뉴얼 테크닉, 미용제품, 피부미용기기 등을 사용하며, 안면 및 전신의 피부를 분석하고 물리적 또는 화학적 방법을 이용하여 관리한다.

2) 세계 여러 나라의 피부미용 용어

고대 그리스어인 Kosmein에서 Cosmetic이 유래되었으며, Kosmein은 '장식하다' '치장하다' '관리하다'의 의미를 포함하고 있다. 피부미용은 독일의 바움 가르텐이라는 미학자에 의해 처음 사용되었으며, 오늘날 각 나라마다 피부미용에 대한 명칭은 다양한 용어로 사용한다.

① 독　일 : Kosmetik

② 영　국 : Cosmetic

③ 프랑스 : Esthetique

④ 일　본 : エステ(에스테)

⑤ 미　국 : Skin Care, Esthetic, Aesthetic

⑥ Esthetique 용어는 피부관리와 화상품의 구별을 위해 사용

3) 에스테틱의 기능

① 관리적 기능

피부의 노화를 지연하고 현 상태의 피부건강을 유지·개선시키고, 세균, 오염, 먼지, 태양 등의 외적 요인에 의해 피부가 손상되는 것을 보호하는 것을 말한다.

② 심리적 기능

피부 상태의 세심한 관찰을 통해 신체로 인한 정신적·심리적 상태의 변화를 알 수 있다. 외모로 인해 받게 되는 여러 가지 형태의 스트레스에 대한 상담 등이 심리적 피부미용에 속한다.

③ 미적 기능(장식적 기능)

피부 결함을 조정하거나 커버할 수 있고, 개성을 나타낼 수 있게 하는 기술과 지식이 미적 기능에 속한다.

4) 에스테틱의 목적

피부 관리란 전신의 피부를 관리하는 것으로 아름다움을 유지하고 개선하는 것이다. 피부 관리의 효과에는 화학적 효과와 물리적 효과가 있다. 물리적 효과를 얻기 위한 방법으로는 피부상태에 알맞은 화장품이나 매뉴얼 테크닉, 도구 등을 이용하고, 화학적 효과를 얻는 방법으로는 피부표면과 피부 구조에 기초를 두고 적절한 화장품 등을 이용한다.

위와 같이 피부 관리는 피부 상태에 적합한 매뉴얼 테크닉 등을 이용한 물리적 효과와 함께 화장품의 작용 등을 통한 화학적 효과가 같이 작용함으로써 관리 목적이 완성되는 기술이다.

Chapter

02 피부 분석 및 유형

1 피부 분석

1) 피부 분석의 목적

올바른 피부 관리를 위해 고객의 피부 상태와 유형을 파악하는 것이다. 피부의 문제를 사전에 예방하고 정상적인 피부 상태를 유지하는 기초 자료가 된다.

2) 피부 분석의 방법

피부 유형을 분석하는 방법에는 문진, 견진, 촉진, 기기를 이용한 피부 진단법이 있다.

① 문진

고객에게 질문한 뒤 그 답변을 통해 피부를 진단하는 방법이다. 고객의 직업, 질병, 생활습관 등을 파악하여 문제의 원인을 찾는다. 고객의 알레르기 유무, 병력, 연령, 직업, 사용화장품 식습관 등을 질문하고 기록한다.

② 견진

육안으로 직접 피부상태를 판별하는 방법이다. 피부의 유분 함유량, 모공의 크기, 혈액순환, 상태 등을 확인한다. 확대경이나 우드램프를 사용하여 자세히 판별할 수 있다.

③ 촉진

피부를 직접 만져 보거나 눌러 봄으로써 피부의 탄력도와 수분상태 등을 진단한다. 피부의 탄력성과 긴장도를 점검한다. 자극에 대한 민감도, 피부의 탄력도, 조직의 두께 등을 관찰한다.

④ 기기를 이용한 피부 진단법

㉠ 확대경

피부 및 모발을 5배 정도로 확대하여 관찰하므로 잔주름, 면포 등의 상태를 명확하게 파악할 수 있다. 여드름성 피부 관리 시에 필수적으로 사용되는 기구이다.

㉡ 우드램프(Wood lamp)

피부에 자외선을 쏘여 피지와 수분의 양, 색소침착 등을 파악할 수 있는 피부분석기기이다. 측정할 때에는 고객과의 거리를 5~6cm 정도 두고 사용한다.

피부 상태	우드램프 반응 색상
정상 피부	청백색
건성, 수분부족 피부	연보라색
민감, 모세혈관 확장 피부	진보라색
피지, 여드름, 화농성	오렌지색
노화 각질, 두꺼운 각질층	흰색
색소 침착	암갈색
비립종	노란색
먼지, 이물질	하얀 형광색

㉢ 유·수분 측정기

피부의 유분 및 수분을 측정한다. 세안 후 3~4시간 정도가 경과한 뒤 측정해야 정확한 판독을 할 수 있다.

㉣ pH 측정기

피부의 pH 정도를 측정하는 도구로, 피부의 예민도를 알아볼 수 있다.

2 피부 유형

1) 피부 상태 분석

클렌징 후 각질화 상태, 모공크기, 탄력상태, 색소침착, 혈액순환, 유·수분 함유량 등에 따라 피부 상태를 분석한다.

기준	피부유형
피지분비상태	정상피부, 건성피부, 지성피부, 복합성피부
피부조직	얇은 피부, 두꺼운 피부, 정상피부
수분량	표피수분부족 피부, 진피수분부족 피부
색소침착	과색소 침착 피부, 저색소 침착 피부
혈액순환	모세혈관 확장증, 홍반, 주사

2) 피부 유형에 따른 관리

(1) 피지량에 따른 피부 유형

① 정상 피부

유·수분 밸런스가 조화를 이루고 있는 가장 안정적인 피부 유형으로 피부의 생리기능과 피부조직의 상태 등이 모두 정상적인 상태의 피부이다. 피부 관리의 궁극적인 목적이 정상피부의 피부 상태에 가깝게 가고자 하는 것이다.

㉠ 특징

- 가장 이상적이고 안정적인 피부형태로 유·수분이 적절히 균형을 이루고 있다.
- 피부 결이 매우 섬세하고 피부가 부드럽다.
- 조직이 단단하고 탄력이 좋다.
- 모공이 섬세하다.
- 혈액순환이 잘 되고 안색이 밝다.
- 피부저항성이 좋으나 민감함이 지나치게 나타나지는 않는다.

㉡ 원인

- 유 · 수분의 밸런스가 균형을 이루고 혈액순환이 잘 될 경우 나타나는 피부이다.
- 피부 관리가 잘 이루어진 결과이며 정신과 육체가 건강한 상태이다.
- 외적 환경으로부터 피부를 잘 보호하고 수분함유량이 높은 경우 나타난다.

㉢ 관리방법

- 유 · 수분을 공급하여 피부의 건조와 수분 보유력을 향상시킨다.
- 자외선 등의 외부의 유해한 환경으로부터 피부를 보호한다.
- 주1회 각질제거, 마사지, 팩 등의 사용으로 피부의 활성화를 높인다.

② 건성피부

피지분비량이 적고 수분이 부족하므로 피부에 윤기가 없고 각질이 일어난다.

세안 후 아무것도 바르지 않으면 심한 당김을 느끼게 된다. 특히 겨울철이나 연령의 증가는 피지분비량이 저하되어 건성피부의 현상이 더욱 뚜렷해진다.

㉠ 특징

- 건성피부, 표피수분부족 건성피부, 진피수분부족 건성피부로 나뉜다.
- 세안 후 얼굴이 당기는 현상을 느끼고 피부 결이 섬세하며 피부가 얇다.
- 각질층 수분보유량이 10% 이하로 유 · 수분의 균형이 깨진 상태이다.
- 잔주름이 많고 모공이 거의 보이지 않는다.
- 피부에 윤기가 없다.
- 피부결이 곱고 피부가 얇다.
- 피부저항력이 약하고 각질이 일어나기도 한다.
- 얼굴전체가 거칠고 화장이 잘 안 받는다.

㉡ 원인

- 피지분비량과 수분의 부족으로 발생하며, 유전적으로 수분증발방지 등의 보호기능이 약해 건성피부가 된다.
- 계절, 환경의 변화, 사우나, 자외선, 다이어트, 연령의 증가 등으로 인해 피부가 쉽게 변화된다.
- 스트레스, 신진대사 이상, 소화기 계통의 이상, 간 기능 이상, 호르몬의 불균형 등과 같은 후천적 요인으로 인해 피지선과 땀샘의 기능이 저하되어 건성피부로 변화된다.

㉢ 관리방법

- 보습과 함께 유분을 공급하여 피부의 보호막 기능을 높인다.
- 너무 많은 유분의 공급은 피지선의 기능 저하로 건성이 더 심해질 수 있으므로 유·수분의 균형을 유지할 수 있게 한다.
- 자외선 등과 같은 외부의 유해한 환경으로 피부를 보호한다.
- 마사지 등을 통하여 신진대사와 혈액순환을 활성화한다.
- 알코올이 함유되어 있지 않은 화장수를 사용한다.

③ 지성피부

피지선에서 분비되는 피지량이 많은 피부로 젊은 층에 많은 피부 유형이다. 피부가 번들거리고 화장이 쉽게 지워지며, 모공이 크고 피부가 번들거리며 피부가 오렌지 껍질처럼 보인다. 피지선이 발달하여 피부가 알칼리화를 변화될 확률이 높다. 알칼리화된 피부는 세균의 번식이 쉬워지며 이는 여드름의 생성을 초래하기도 한다.

㉠ 특징

- 피지분비가 많다.
- 피지로 인해 얼굴이 번들거리고 뾰루지나 여드름이 발생하기 쉽다.
- 모공이 넓다.
- 피부가 두껍고 피부 결이 거칠다.
- 화장이 잘 지워지고 피부색이 칙칙하다.
- 피부가 끈적이고 번들거린다.
- 건성피부보다 잔주름이 덜 발생하나 주름이 잡히면 깊고 굵은 주름이 생기는 경향이 있다.

㉡ 원인

- 과다한 피지분비량이 원인이다.
- 스트레스, 수면부족, 부신피질 호르몬제의 사용 등으로 인한 호르몬 불균형이 피지선을 자극하고 이는 피지 분비량을 증가시켜 지성피부로 변화되기도 한다.

㉢ 관리방법

- 과다한 피지제거가 가능한 지성용 세안제를 사용하고, 지성이 심한 경우 여드름으로의 진행을 예방하기 위해 항염 기능이 있는 제품을 사용한다.
- 보습제를 사용하여 피부의 수분함유량을 높인다.

- 블랙헤드가 심할 경우 1주일에 1~2회 정도 피지제거 기능이 있는 딥 클렌징 제품을 사용한다.
- 아하(A.H.A.), 클레이, 녹차, 계란 흰자 등의 성분이 함유된 제품을 사용한다.

④ 복합성 피부

유·수분 밸런스가 균형을 이루지 않고 중성과 지성, 중성과 건성 등 두 가지 이상의 피부 유형이 얼굴에 동시에 나타나는 피부를 말한다.

㉠ 특징
- 다른 피부 유형이 두 가지 이상 공존하는 피부이다.
- 대게 이마와 코 부위는 모공이 크고 피지가 많다.
- 볼 부위는 피부 결이 섬세하고 모공이 거의 보이지 않는다.

㉡ 원인
- 환절기, 화장품 교체 시에 피부가 균형을 잃게 될 경우 나타난다.
- 연령, 심한 온도변화, 수면부족, 과로, 음식물 등이 원인이 되기도 한다.

㉢ 관리방법
- 피부상태를 구분하여 각각의 피부 유형에 맞게 관리한다.
- 지성피부 부위는 피지제거와 보습공급, 건성피부 부위는 유·수분 공급, 정상피부 부위는 현 상태 유지를 위한 적절한 유분기 공급과 수분공급을 해준다.
- 얼굴 마사지 적용 시 피부 유형에 맞는 테크닉을 사용한다.
- 전체적으로 피부에 충분한 보습을 공급하고 예민한 부위나 여드름 부위는 항염 기능이 있는 화장품을 사용하도록 한다.

(2) 문제성 피부 유형

① 민감성 피부

정상피부에 비해 각질 탈락 주기가 빨라 각질층이 얇고 피부보호기능이 저하된 피부이다.

외부반응에 대한 저항력이 약해 피부가 쉽게 거칠어지며, 역학적, 화학적 자극에 예민하게 반응한다. 외관상 깨끗하고 섬세한 피부 결을 보이나 외부온도와 같은 자극에 민감하고 건조해지기 쉬우며 피부가 피곤함을 쉽게 느낀다.

㉠ 특징

- 각질층이 매우 얇고 홍조가 보인다.
- 작은 자극에도 민감하게 반응한다.
- 피부 저항력이 약해 붉고 예민하다.

㉡ 원인

- 잘못된 피부 관리, 과도한 필링 등이 원인이 되기도 한다.
- 심리적으로 예민한 사람, 알코올이나 흡연, 스트레스, 수면부족이 원인이 되기도 한다.

㉢ 관리방법

- 무향, 무색, 무알코올 화장품을 사용한다.
- 피부에 보습력을 높인다.
- 자외선 등과 같은 외부의 유해한 환경으로부터 피부를 보호한다.
- 비타민 B_5 성분을 발라 모세혈관을 강화시킨다.
- 스트레스 완화에 노력한다.

② 모세혈관확장(Cooper rose)

모세혈관이 늘어났다가 원상태로 돌아가지 못하고 늘어져 있는 상태로 증상에 따라 초기는 모세혈관 확장증, 2단계는 모세혈관 피부, 3단계는 주사로 구분된다.

㉠ 특징

- 피부 결이 섬세하다.
- 모세혈관이 약화되었거나 확장, 파열되어 실핏줄이 보인다.
- 온도가 심하게 변하녀 쉽게 붉어진다.
- 대체로 피부가 얇다.
- 탄력성이 저하되어 있다.

㉡ 원인

- 선천적으로 모세혈관이 약한 경우 발생한다.
- 심한 온도변화, 호르몬 불균형, 자극적인 음식,알코올, 담배 등을 애용하는 경우에 발생되기도 한다.
- 과도한 긴장과 스트레스가 원인이 되기도 한다.
- 갑상선 호르몬이나 성호르몬의 장애, 생식기의 이상, 내장기관의 이상이 있는 경우에 발

생되기도 한다.

㉢ 관리방법

- 자외선 등의 외부의 유해한 환경으로부터 피부를 보호한다.
- 강한 자극이 있는 마사지, 딥 클렌징을 피한다.
- 피부에 충분한 수분을 공급한다.
- 온도변화에 유의한다.
- 저자극, 무색, 무향, 무알코올의 화장품을 사용한다.

③ 여드름 피부

주로 사춘기 젊은 층에 많은 피부 유형으로, 피지선의 염증성 질환을 가지고 있는 피부이다.

여드름의 증상에 따라 면포, 구진, 농포, 결절, 낭종으로 구분하고 심한 염증은 피부에 흉터를 남기기도 한다.

㉠ 특징

- 피지가 많고 피부가 번들거린다.
- 피부가 거칠고 두껍다
- 과다한 피지로 인해 피부 표면에 먼지가 잘 붙어 지저분해지기 쉽다.
- 각질, 먼지, 피지 등 여러 요인에 의해 모공입구가 폐쇄되기도 하며, 이는 피지 배출을 어렵게 하는 요인이 된다.
- 비염증성 여드름 : 블랙헤드, 화이트헤드
- 염증성 여드름 : 구진, 농포, 결절, 낭종

㉡ 원인

- 피지선의 자극으로 인한 피지분비 과다
- 호르몬의 영향
- 모공 안의 여드름 균
- 잘못된 화장품의 사용
- 과도한 피부자극
- 스트레스
- 유전적 요인

㉢ 관리방법

- 여드름의 진행 상태에 알맞은 관리를 실시한다.

- 카올린, 머드, 클레이 등의 성분을 이용하여 피지를 제거한다.
- 아하, 바하, 파파인 등의 성분을 이용하여 비후된 각질을 제거한다.
- 항염 기능이 있는 화장품을 사용하여 박테리아 성장을 억제한다.
- 티트리, 알로에 등의 성분을 이용하여 여드름 피부에 항염 효과를 높이고 피부를 진정시킨다.

④ 노화 피부

인체의 노화 진행과 더불어 나타나는 피부의 건성화 현상이다. 내인성 노화는 나이가 들어감에 따라 자연적으로 발생하며, 광 노화는 태양광선에 의한 외적 환경에 대한 노출에 기인한다.

㉠ 특징
- 건성화가 진행된다.
- 안면근육이 약해지고 탄력의 저하
- 눈, 입, 이마 등에 잔주름 증가
- 안색 불균형 및 신진대사 저하
- 피지선 위축
- 피부질환으로 쥐젖, 흑점 등 유발

㉡ 원인
- 유전적인 요인
- 프리 라디컬(free radical)
- 피지선, 한선의 기능 감소
- 혈액순환, 신진대사 저하
- 과도한 자외선 노출
- 흡연, 음주, 스트레스
- 화장품 부작용

㉢ 관리방법
- 피부에 수분을 적절히 공급한다.
- 자외선 차단을 한다.
- 마사지를 통한 혈액순환, 신진대사를 촉진한다.
- 적당한 운동을 통한 세포재생을 촉진한다.
- 재생관리를 한다.

3 피부상담

1) 상담

고객의 피부 유형과 피부 상태 파악을 위해 실시하고, 고객의 피부에 맞는 올바른 관리방법과 방향을 결정한다. 이를 위해 고객의 신상, 피부, 생활환경 등을 파악하여 고객카드를 상세하게 작성한다.

2) 목적

상담을 통하여 고객의 마음을 읽고, 피부 관리의 효과를 높이기 위해 생활습관, 일상 업무, 건강상태, 질병, 사용하는 화장품, 식생활 등을 파악한다. 그리고 섬세하고 꼼꼼한 상담 내용을 기준으로 고객의 피부 상태에 가장 적절한 관리방법과 방향을 세운다. 또한 세분화·다양화되고 있는 고객의 욕구를 충족시키고 차별화된 살롱 경영을 위해서는 전문화된 상담이 필요하다.

3) 상담효과

상담을 통해 고객이 안정적이고 적극적인 상태로 관리받을 수 있게 유도하고 불안감 및 경계심을 완화시킨다. 또한, 고객의 피부상태에 가장 알맞은 피부 관리에 대한 방법과 방향을 얻을 수 있다.

4) 상담방법

① 고객의 입장이 되어 상담에 임하고 고객이 어떠한 관리를 원하는지를 파악한다.

② 고객 스스로 요구사항을 말할 수 있게 유도한다.

③ 피부 상태는 수시로 변화하므로 매번 고객카드에 분석내용을 기록한다.

④ 고객의 잘못된 습관을 성의 있게 설명하여 고객이 납득하도록 한다.

⑤ 고객의 정보가 유출되지 않게 하고 사생활을 보호한다.

⑥ 고객의 말에 공감을 표현하도록 한다.

⑦ 식품이나 화장품에 대한 알레르기 등 병력사항을 체크한다.

⑧ 피부상태에 가장 적절한 관리방법과 절차 등에 관해 설명한다.

⑨ 피부의 문제로 현재 약물을 복용하고 있거나 과거 병원치료를 한 적이 있는지 등을 알아보고 관리계획표에 작성한다.

⑩ 피부상태에 가장 적절한 관리방법과 절차 등에 관해 설명한다.

5) 고객 상담 차트

① 고객카드 작성

㉠ 성명, 연령, 주소, 전화번호 등을 기록한다.

㉡ 식습관, 생활습관, 운동습관 등을 기록한다.

㉢ 방문동기를 기록한다.

㉣ 알레르기 등 특이사항에 대해 기록한다.

㉤ 사용하는 화장품, 피부 관리 습관 등에 대해 기록한다.

6) 고객 상담 과정

고객 상담 → 고객카드 작성 및 피부 분석 → 피부 관리의 방향 설정 → 피부 관리 실시 → 피부 관리 내용기록 및 자가 관리방법 조언(다음 관리 예약)

Chapter 03

에스테틱 준비

1 피부관리사의 위생 및 조건

1) 피부관리사의 위생

(1) 복장

① 밝고 흰색계열의 복장과 신발을 선택한다.

② 복장과 신발은 청결함과 단정함을 유지한다.

③ 피부 관리를 하기에 적절한 복장과 작업하기 편한 신발을 착용한다.

④ 명찰을 착용한다.

(2) 외모관리

① 단정하게 관리하고 머리카락이 흘러내리지 않도록 한다.

② 화려한 칼라의 염색이나 액세서리는 피한다.

③ 고객이 부담스럽게 느낄 수 있는 과한 메이크업은 피하고 자연스러운 메이크업을 한다.

④ 손톱은 짧게 자르고 네일 에나멜은 바르지 않는다.

⑤ 입에서 구취나 악취가 나지 않도록 구강청결에 신경을 쓴다.

⑥ 몸에서 냄새가 나지 않도록 하며 향수를 사용하지 않는다.

⑦ 항상 밝은 표정과 따뜻한 미소를 유지하도록 한다.

⑧ 눈은 부드럽게 웃음 짓고, 안정감, 상냥함이 느껴지게 한다.

2) 피부관리사의 조건

(1) 자세 및 태도

① 고객의 방문목적을 정확히 파악하며 경청할 수 있어야 한다.

② 피부 관리 방법, 절차 등을 전문적으로 설명할 수 있어야 한다.

③ 등이나 허리가 굽어 있지 않게 바른 자세를 유지하며 자신감 있게 상담한다.

④ 걸음걸이, 손동작, 몸동작 등에 신경을 쓰며 경어사용을 한다.

⑤ 친근감을 느낄 수 있게 하고 고객 감동을 이끌어 낼 수 있어야 한다.

(2) 매너

① 예의바르고 친절하게 대하여 고객이 편안함을 느낄 수 있도록 한다.

② 전문적인 지식으로 상담하고 고객의 욕구를 파악할 수 있어야 한다.

③ 고객의 사생활이나 개인적 정보는 타 고객에게 말하지 않는다.

④ 고객의 소지품(가방, 핸드폰 등)은 잘 보관하여 둔다.

⑤ 고객의 응대 서비스(기다리는 동안 음료수 등을 권함)를 갖추고, 모든 관리가 끝날 때 현관까지 배웅한다.

⑥ 동료직원과 경어를 사용하고 서로 칭찬과 조언을 한다.

⑦ 관리사의 개인적인 기분은 드러내지 않도록 한다.

3) 전문적 지식

① 피부학, 생리학, 화장품학, 기기학, 피부 관리 용어 등 전문적인 지식을 갖춘다.

② 피부 관리 효과와 방법을 알고 상담을 할 수 있어야 한다.

③ 기술 습득에 항상 노력하고, 고객에게 가장 적합한 피부 관리 방안을 제시할 수 있다.

④ 홈 케어 방법을 고객에게 제시하고 설명할 수 있어야 한다.

2 피부 관리를 위한 환경조건 및 위생

1) 피부 관리실의 환경조건

① 쾌적하고 청결한 분위기를 만든다.

② 피부 관리를 위한 도구를 소독 후 사용하도록 한다.

③ 환기와 배수가 잘 되게 한다.

④ 냉·난방시설이 되어 있어야 한다.

⑤ 작업실의 조명이 75럭스 이상의 밝기를 유지하여야 한다.

⑥ 베드 밑, 선반, 실내바닥 등을 자주 청소하여 먼지가 없게 한다.

⑦ 음료 데스크의 위생관리를 한다.

⑧ 방음시설이 잘 되어 있어 고객이 편안히 관리 받을 수 있게 한다.

⑨ 냉·온수의 사용이 편리해야 하고 화장실의 접근성이 좋아야 한다.

⑩ 고객베드, 고객가운 등 피부 관리를 위한 고객의 복장을 청결하게 관리한다.

⑪ 관리실에서 고객이 편안히 관리를 받을 수 있도록 음악과 향을 준비한다.

⑫ 고객이 대기할 수 있게 편안한 의자 등을 준비한다.

⑬ 면허증, 위생교육증서, 수료증 등을 잘 정돈하여 벽면에 걸어둔다.

⑭ 정리된 분위기를 유지하고 바로 작업할 수 있게 미리 준비한다.

2) 피부 관리실의 위생

(1) 웨건 준비

화장품의 유통기간, 잔여량, 청결상태 등을 수시로 확인한다. 또한, 고객의 관리프로그램에 맞는 화장품과 소품을 동선과 작업에 맞게 미리 준비해두고 위생적으로 사용한다.

① 피부 관리에 필요한 화장품 및 소모품을 미리 준비한다.

② 관리 프로그램에 맞게 피부 관리를 할 수 있게 동선을 고려하여 준비한다.

③ 위생적이고 안전하게 사용할 수 있게 준비한다.

④ 화장품의 위생, 유효기간, 적정량을 체크한다.

⑤ 사용한 소모품과 사용하지 않은 소모품을 구분 할 수 있게 한다.

⑥ 타이머를 사용하여 팩이나 마스크 등의 도포시간을 체크할 수 있으나 소리가 나지 않도록 한다.

(2) 베드준비

피부 관리에 사용되는 침대의 종류에는 얼굴관리용, 경락관리용, 전신관리용, 발 관리용 등 다양하게 있다. 고객의 관리내용에 맞는 베드를 정해 위생적이고 효율적으로 베드를 준비해 둔다.

① 청결하고 위생적으로 보이는 흰색 베드 보를 씌운다.

② 고객의 어깨와 머리가 닿는 베드 부분에 새 타월을 깐다.

③ 고객의 터번은 새 것으로 준비한다.

④ 고객이 덮을 얇은 이불이나 타월 등을 준비한다.

⑤ 고객이 덮은 이불을 보호하기 위해 데콜테 부위에 타월을 덮어둔다.

⑥ 전기장판 등을 사용하여 고객이 따뜻하게 관리 받을 수 있게 한다.

⑦ 오일을 사용하는 전신관리 시에는 베드 보 위에 비닐이나 여분의 천을 깐다.

⑧ 피부관리사 손의 물기를 닦을 수 있는 타월을 미리 준비한다.

베드준비상태

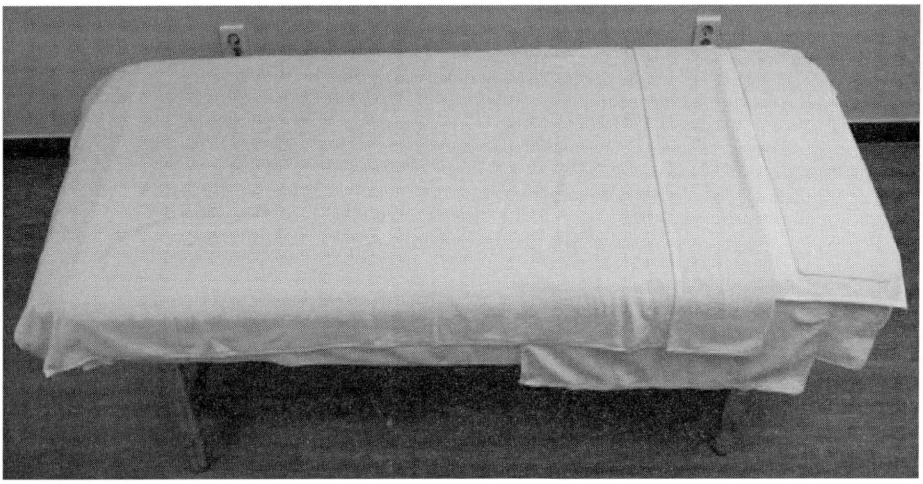

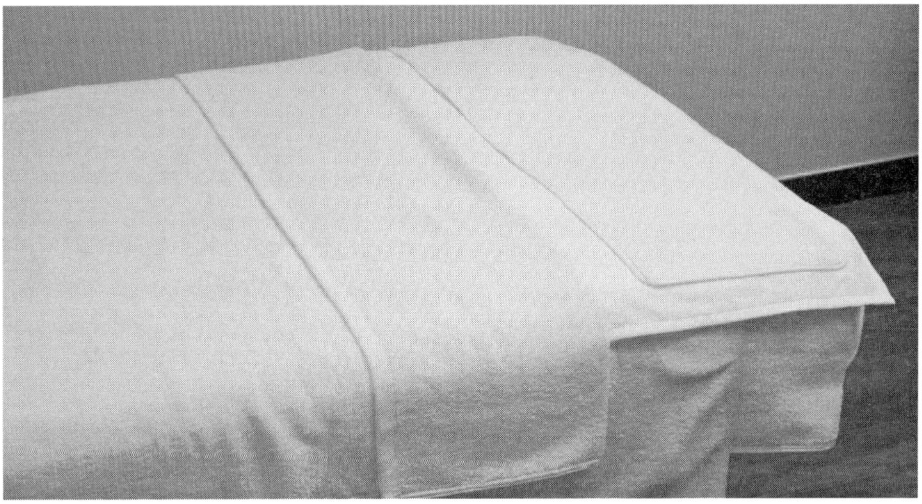

(3) 주변정리

① 관리에 필요한 물품 외 다른 물건들은 잘 정리하여 지저분하지 않게 주변을 관리한다.

② 관리를 위해 벗어놓은 고객의 가운이나 신발 등은 가지런히 정돈해 둔다.

③ 베드 밑, 진열장 위 등의 세심한 부분의 청결과 위생에 관심을 둔다.

PART 02

에스테틱 이론

Chapter

01 클렌징

1 안면클렌징

1) 정의

클렌징이란 피부 표면의 노폐물, 유분(피지), 수분(땀), 환경오염(먼지), 화장품 및 메이크업 잔여물을 제거하는 것이다. 피부의 분비기능에 의한 피지, 땀, 각질과 외부로부터 먼지, 메이크업 잔여물 등이 섞여 피부 표면에 막을 형성하고 있다. 이 물질들은 시간이 지남에 따라 유리 지방산으로 변하여 피부에 트러블의 원인이 되기도 한다. 따라서 건강하고 아름다운 피부를 지키는 가장 좋은 방법은 클렌징이다.

2) 효과

① 피부의 생리적인 기능을 정상화하고 혈액순환 및 신진대사를 원활하게 한다.

② 피부의 피지, 땀, 메이크업 잔여물, 먼지 등을 깨끗하게 제거하여 피부를 청결하게 한다.

③ 피부의 호흡을 원활하게 하고 피부건강을 유지시켜 준다.

④ 청량감 부여 및 피부유연 효과가 있다.

3) 주의사항

① 피부의 천연보호막인 산성막, 피지막 등이 유지되도록 한다.

② 신속하고 정확하게, 그러나 자극적이지 않게 한다.

③ 피부 유형과 메이크업의 상태에 따라 적절한 제품을 선택·사용한다.

④ 제품이 눈, 코, 입 등에 들어가지 않도록 주의한다.

⑤ 일정한 속도와 리듬감을 유지하면서 클렌징한다.

4) 클렌저의 종류

(1) 물

① 피지, 크림, 로션 등 유성 화장품은 찬물로 세정효과가 거의 없다.

② 물의 온도에 따라 피부에 미치는 효과가 다르다.

물의 온도	세정효과	피부에 미치는 영향
찬물 (10~15℃)	세정효과 거의 없음	혈관 및 모공 수축 피부탄력, 긴장감 부여
미지근한 물 (15~21℃)	가벼운 세정효과 및 각질제거	안정감, 혈액순환 촉진
따뜻한 물 (21~35℃)	세정효과가 크며 각질제거 용이	혈관 확장, 혈액순환 촉진
뜨거운 물 (35℃ 이상)	세정효과가 매우 크며 각질제거 용이	혈관 및 모공 확장 피비분비 촉진, 피부탄력 저하
수증기	피부 모공 속 세정효과 및 각질제거 매우 용이	혈관 및 모공 확장, 혈액순환 촉진 피지분비 촉진, 피부탄력

(2) 비누

① 계면활성제로 수성, 유성의 더러움을 제거한다.

② 일반적으로 알칼리성으로 거품이 많고 세정효과는 우수하나 산성막, 피지막을 파괴한다.

③ 피부 당기는 느낌을 주며 피부표면의 pH를 상승시킨다.

④ 상승된 pH에 의해 각질층이 느슨해진다.

(3) 포인트 메이크업 리무버

① 눈과 입술 전용 클렌저로 수성 및 유성 제품이 있다.

② pH 5.5~6.5인 제품을 사용하면 눈이 따갑거나 화끈거리지 않는다.

③ 산뜻한 워터 타입, 부드러운 겔 타입, 자극이 적은 오일 타입 등이 있다.

(4) 안면 클렌징 화장품

① 클렌징 폼

㉠ 워시 오프 타입으로 거품을 내어 사용한다.
㉡ 클렌징 크림 사용 후 이중세안으로 사용한다.
㉢ 크림 또는 겔 형태로 세정력이 우수하다.
㉣ 약산성으로 비누와 달리 자극 없이 건조함을 방지한다.

② 클렌징 크림

㉠ W/O 타입의 친유성 형태로 광물성 오일이 40~50% 함유되어 있다.
㉡ 유분감이 많아 이중세안이 필요하다.
㉢ 무대화장이나 진한 화장에 효과적이다.
㉣ 건성, 노화 피부에 적합하며 지성피부에는 적합하지가 않다.

③ 클렌징 로션

㉠ O/W 타입의 친수성 형태로 식물성 오일이 물에 분산된 형태이다.
㉡ 로션타입은 크림타입보다 세정력이 약하므로 가벼운 화장에 사용한다.
㉢ 사용감이 편하고 산뜻하며 자극이 적다.
㉣ 물에 잘 용해되어 이중세안을 하지 않아도 된다.

④ 클렌징 젤

㉠ 오일 성분이 함유하지 않은 오일프리 제품이다.
㉡ 물로 제거할 수 있으며 이중 세안이 필요 없는 세정력이 탁월한 제품이다.
㉢ 세정력이 좋아 메이크업 리무버로 사용이 가능하다.
㉣ 민감, 알레르기, 지성, 여드름 피부에 적합하다.

⑤ 클렌징 오일

㉠ 물과 친화력이 있는 수용성 오일성분을 배합한 제품으로 물에 쉽게 용해된다.

㉡ 눈 화장, 입술 화장 제거 시 사용할 수 있다.
㉢ 건성, 수분부족, 노화, 민감성 피부에 사용가능하다.

⑥ 클렌징 워터

㉠ 화장수에 계면활성제와 에탄올이 소량 함유된 세정용 제품이다.
㉡ 가벼운 화장을 지울 때 사용한다.
㉢ 민감성 피부에 자극 없이 사용이 가능하다.

(5) 화장수

① 세안 후 남아있는 잔여물(메이크업, 클렌저 등)을 닦아내는 작용한다.

② 피부에 수분공급 및 청량감을 부여한다.

③ pH 밸런스 조절한다.

④ 토닉, 토너, 스킨, 프레쉬너, 아스트린젠트 등 pH 5~6이다.

2 터번 관리

1) 목적

클렌징 전에 고객의 머리카락을 덮어 보호하거나 흘러내리지 않도록 터번을 한다. 관리 시 제품이 묻는 것을 방지하며 스타일을 유지하되 강하게 하지 않는다. 면으로 된 타월로 신축성 있는 피부 관리 전용을 사용한다.

2) 터번 사용 시 주의사항

① 너무 조이지 않도록 한다.

② 이마 중간부터 고정하여 헤어라인으로 너무 세게 당기지 않는다.

③ 터번의 접착 부위가 피부에 닿지 않도록 한다.

④ 폭이 너무 좁거나 고무줄 타입은 고르지 않도록 하고 흰색이나 분홍색을 사용한다.

3 포인트 클렌징

1) 포인트 메이크업 클렌징

안면 클렌징 전에 눈 화장과 입술 화장을 제거하는 것이다.
눈과 입술 부위는 민감하여 포인트 메이크업 클렌징 전용 제품을 사용한다.

2) 포인트 메이크업 클렌징 시 주의사항

① 제품이 눈에 들어가지 않도록 양 조절을 한다.
② 신속하고 깨끗하게 닦아낸다.
③ 얼굴 중심에서 바깥쪽 방향으로 닦아낸다.
④ 지워지지 않은 색조화장은 색소 침착을 남길 수 있다.

4 안면 클렌징

1) 목적

피부 표면의 노폐물, 유분(피지), 수분(땀), 환경오염(먼지), 화장품 및 메이크업 잔여물을 제거한다. 클렌징 제품 도포 시 피부유형에 적합한 제품을 선택하여 신속하게 클렌징 동작을 시행한다.

2) 주의사항

① 관리사의 손이 너무 차지 않도록 한다.
② 얼굴 위에서 손바닥을 비비거나 소리 나게 하지 않는다.
③ 손등, 손가락 사이에 묻지 않게 적당한 양을 사용하여 관리부위를 골고루 도포한다.

5 티슈

1) 목적

먼저 손에 묻어있는 클렌징이나 마사지 후 잔여물을 닦아준다. 모델 얼굴의 클렌징이나 마사지 후 잔여물을 가볍게 눌러 제거하여 다음 단계의 과정을 용이하게 해 준다.

2) 주의사항

① 티슈로 밀어내거나 강하게 쓸어주지 않는다.

② 먼지가 많거나 재활용 티슈를 사용하지 않고 미용 티슈만을 사용한다.

3) 티슈 접는 방법

티슈 접는 방법

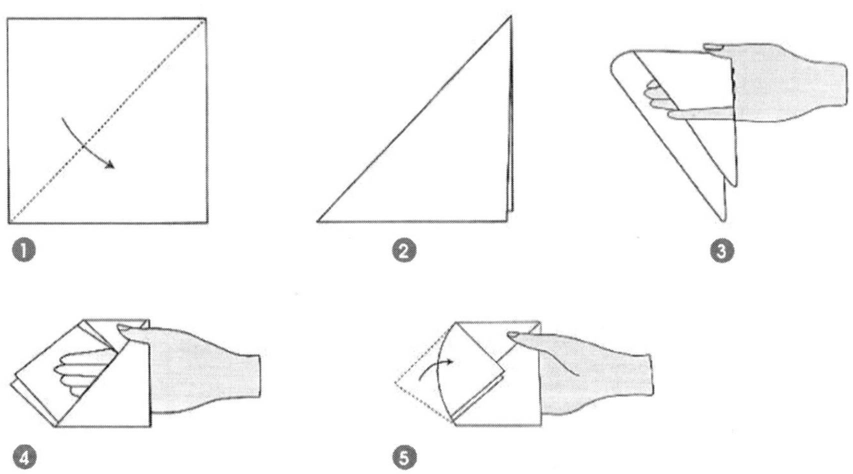

6 해면

1) 목적

클렌징 잔여물과 마사지 유분기나 팩 후 남아있는 잔여물을 자극 없이 효과적으로 닦아준다. 민감한 피부나 여드름 피부 관리 시 해면 대신 1회용 화장솜을 사용하는 것이 효과적이다.

2) 주의사항

① 사용 시 해면을 미리 물에 담가 해면을 부드럽게 하여 사용한다.
② 물이 많으면 부드럽긴 하지만 물이 흘러내릴 수 있다.
③ 물이 적으면 뻑뻑하여 피부에 자극적일 수 있다.
④ 근육 결을 숙지하여 자극적이지 않고 근육의 결 방향대로 부드럽게 닦아낸다.
⑤ 피부 표면에서는 압력을 조절할 수 있도록 한다.
⑥ 사용 후 중성세제로 씻어 자외선 소독기에서 앞뒤로 20분씩 소독한다.
⑦ 햇볕에 말리거나 통풍이 잘 되는 서늘한 곳에 보관한다.

3) 해면 잡는 법

해면 잡는 법

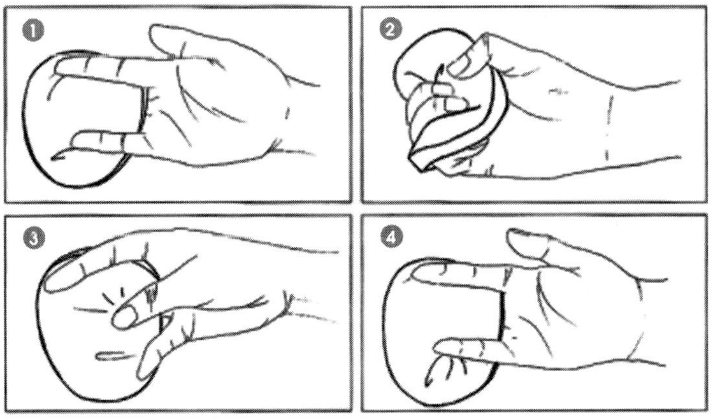

7 습포

1) 온습포

(1) 목적

높은 온도의 수증기를 이용하여 따뜻해진 습포로 모공을 열어 노폐물 제거 및 지방성분을 제거하여 피부를 부드럽게 한다. 온습포로 고객이 편안함과 깨끗함을 느낄 수 있으며, 적절한 수분을 공급한다. 클렌징, 딥 클렌징, 마사지, 팩 적용 후 사용할 수 있다.

(2) 주의사항

① 온습포의 경우 온도를 관리사 손목 안쪽에서 체크한 후 사용한다.

② "따뜻합니다." 라고 말하고 시행한다.

③ 습포가 식기 전에 신속히 시행한다.

④ 타월은 소독된 것을 사용하고, 여드름균 등의 세균에 감염되지 않도록 한다.

⑤ 필링 후, 제모 후, 민감 피부, 모세혈관 확장피부는 피하는 것이 좋다.

(3) 효과

면포 등의 불순물 제거, 각질제거, 피지선 자극, 혈액순환, 수분공급

2) 냉습포

(1) 목적

냉기를 이용하여 피부를 진정, 탄력, 혈관 수축 및 수렴의 목적으로 사용한다. 필링(A.H.A) 후, 팩 제거 후, 제모 후, 피부 관리 마무리 단계에서 시행한다.

(2) 주의사항

① 너무 차가운 냉습포를 사용하지 않는다.

② "시원합니다." 라고 말하고 시행한다.

③ 민감 피부, 모세혈관 확장 피부는 지나치게 차가운 것을 피한다.

(3) 효과

혈관 및 모공 수축, 피부 진정, 탄력감 부여

3) 습포 사용 시 지압점

습포 사용 시 안면과 두부의 지압점

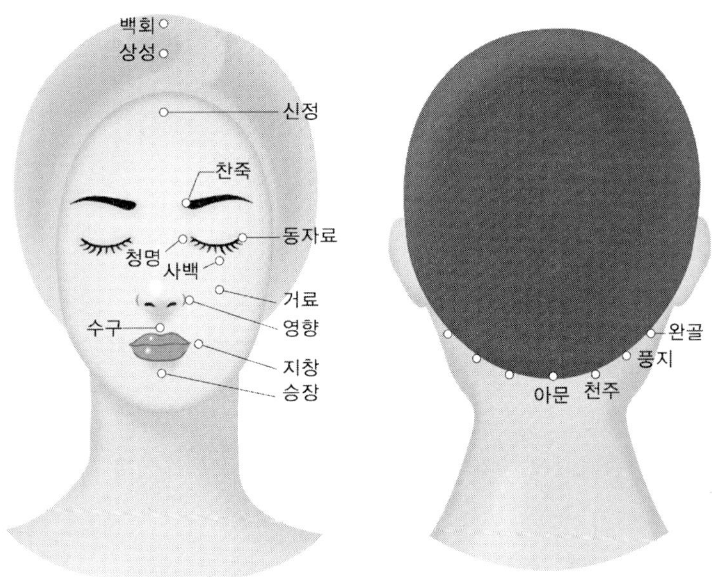

4) 습포 접는 법

습포 접는 법

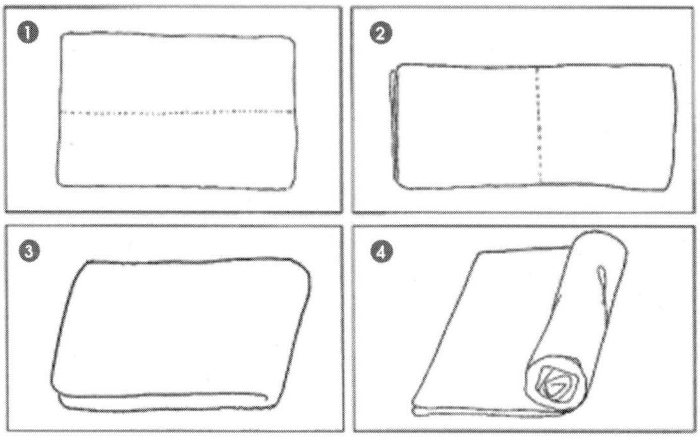

8 토너

1) 목적

피부 산성도를 균형(pH 밸런스)을 위해 화장솜에 화장수(pH 5.3~5.5)를 적신 후 바른다.
세안 후 남아있는 메이크업 잔여물을 제거한다.

2) 주의사항

① 부드러운 면 소재 화장솜을 사용하고 두껍거나 얇지 않도록 두께를 조절한다.
② 사용 목적에 따라 화장솜의 크기를 조절한다.
③ 미리 물에 적신 후 물기를 짜서 사용 시 흘러내리지 않도록 한다.
④ 피부 결을 따라 사용하고, 클렌징 단계 시 닦아내듯 하고, 영양단계 시 두드리듯이 한다.
⑤ 젖은 화장솜은 오랜 시간 방치하면 오염될 수 있으므로 사용할 만큼만 준비한다.

3) 효과

성분으로는 정제수, 알코올, 아로마, 보습제, 유연제, 약초 추출물, 영양물질 등을 함유하고 있어 보습, 유연, 살균, 소독, 진정, 청량감 등의 효과가 있다.

4) 화장수 분류

종류	기능
유연화장수	- 유분과 수분을 보충 - 촉촉하고 유연효과 - 건성, 노화 피부 사용
수렴화장수	- 모공 수축, 피부결 정리 - 신선, 청량감 부여 - 지성, 정상, 복합성 피부 사용 - 여름철 모든 피부 사용
소염화장수	- 모공 수축, 살균소독 - 피부청결, 신선, 청량감 부여 - 지성, 여드름, 복합성 피부 사용 - T-존 부위와 염증이 생긴 피부

5) 화장솜 잡는 법

화장솜 잡는 법

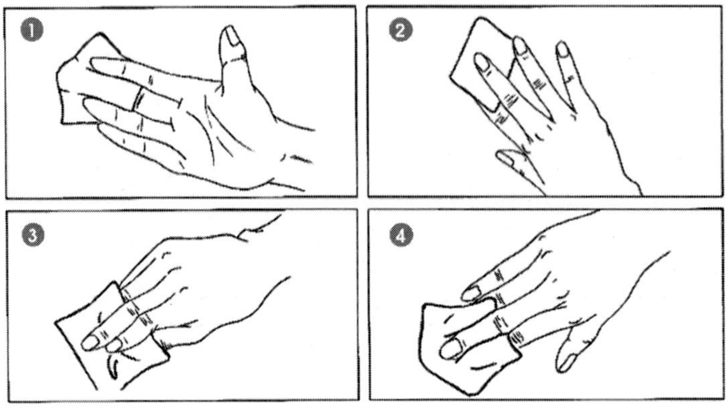

Chapter 02

눈썹 정리

1 눈썹 정리

1) 목적

깔끔한 인상을 주는 이미지 관리에 필요하며 유행의 흐름에 민감하여 간접적인 얼굴형태 변화에 기여한다.

2) 눈썹모양 결정

눈썹의 크기, 얼굴의 형태, 눈의 위치 및 크기, 유행의 흐름, 고객의 취향 및 연령을 고려하여 결정한다.

3) 주의사항

① 금기피부 : 최근 상처, 눈의 이상, 타박상, 피부질환, 예민 피부

② 안경이나 콘택트 렌즈 등을 제거한다.

③ 소독된 기구를 사용한다.

④ 상처가 나지 않도록 한다.

2 수정

1) 눈썹 디자인하기

① 눈썹의 시작점은 코 끝과 눈썹 앞머리를 우드스틱으로 수직으로 세운 후 펜슬로 체크한다.

② 눈썹 산의 위치는 눈썹 앞머리를 시작점으로 전체 길이의 2/3 지점이다. 고객 정면을 주시할 때 동공의 끝과 눈썹의 제일 높은 곳이다.

③ 눈썹 끝은 앞머리보다 처지지 않게 하며 코 끝, 눈동자 끝, 눈썹 끝을 사선으로 이어 45도 지점을 체크한다.

눈썹의 기본 구조

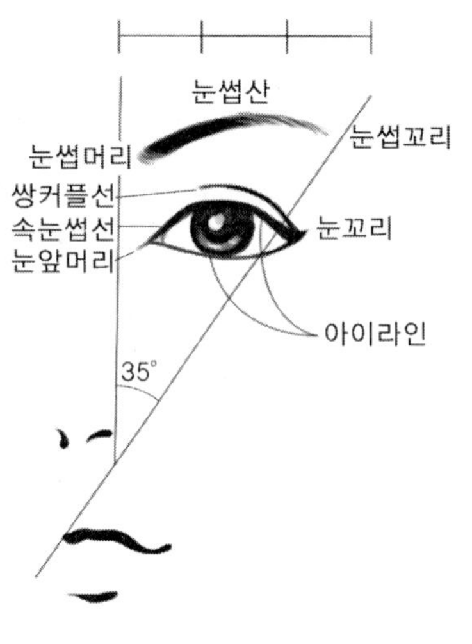

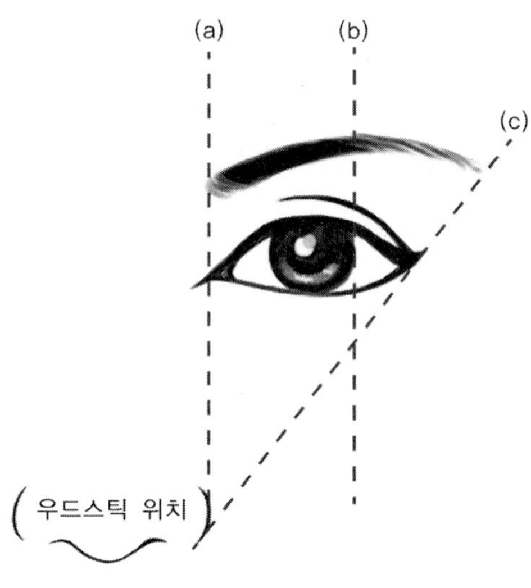

2) 준비물

알코올솜, 우드스틱, 브러시, 눈썹가위, 족집게, 눈썹 칼, 진정 젤, 화장솜, 트레이

Chapter 03

딥 클렌징

1 딥 클렌징

1) 목적

① 모공 속의 노폐물과 피지를 제거한다.

② 피부각질층의 죽은 세포를 제거하여 정상적인 새 세포의 재생을 촉진한다.

③ 다음 단계의 영양물질 침투를 용이하게 해 준다.

2) 효과

① 피지의 분비를 조절하고, 피부 모공 속 노폐물을 제거한다.

② 피부안색을 맑고 깨끗하게 하고 피부 결을 매끈하게 한다.

③ 진피세포의 활성화로 주름을 예방한다.

④ 면포를 부드럽게 한다.

⑤ 혈액순환 촉진 및 피부트러블을 예방한다.

3) 주의사항

① 딥 클렌징 적용 시 눈 주위, 입 주위에 아이 & 립 크림을 발라 보호한다.

② 딥 클렌징 후 직사광선을 피하고 자외선 차단 크림을 발라준다.

③ 홍반, 필링 후, 화상 시에는 피한다.

④ 모세혈관 확장증, 민감 피부, 피부질환은 피한다.

⑤ 상처 직후, 수술 후 수술부위가 아물기 전까지 피한다.

⑥ A.H.A의 경우 눈 주위, 입 주위, 남성의 경우 면도 직후 피한다.

2 딥클렌징 분류

1) 제품을 이용한 딥클렌징

① 스크럽(Scrub)

살구씨, 조개껍질가루, 아몬드, 녹두 등 자연재료뿐만 아니라 폴리 에틸렌류의 미세 알갱이를 이용하여 각질을 제거하는 방법이다.

민감한 부위는 자극을 주지 않고 알갱이가 눈에 들어가거나 피부에 남아 있지 않도록 한다.

스크럽 제품은 가루형태, 크림, 겔, 오일 등 다양한 타입이 있으며, 과각화피부, 지성피부 등에 효과적이다.

② 고마쥐(Gommage)

"밀어내다", "지우다"의 의미로 고마쥐를 적당량 도포 후 3~5분 자연방치 후 한 손은 피부를 당겨 텐션을 주고 다른 한손으로 피부결 방향으로 문질러내면 고무처럼 고마쥐가 때처럼 밀려 각질과 떨어져 나간다.

고마쥐의 롤링 성분은 잔탄 고무(xanthan gum)이며 크림 또는 겔 타입이 있다.

또한 효소성분이 함유되어 있어 피부에 도포하고 씻어내는 타입도 있다.

주의사항 : 피부상태에 따라 강도를 조절한다.

민감성, 염증 여드름은 피한다.

③ 효소(Enzyme)

열대과일 파파야에서 추출한 파파인 성분과 파인애플에서 추출한 브로멜라인 성분으로 각질을 제거한다. 죽은 각질에만 선택적으로 분해하여 피부를 자극하지 않고 모든 피부에 사용가능하며 효소를 바르고 스티머(국가자격시험 : 스티머가 없을 시 온습포 사용)를 이용하여 온도에 의해 효소를 활성화한다(온도, 습도, 시간 10~15분).

④ A.H.A(Alpha Hydroxy Acid)

천연 과일산 성분으로 사탕수수, 우유, 포도, 사과, 감귤류에서 추출한 글리콜릭산(사탕수수산), 락틱산(젖산), 타타릭산(주석산), 말릭산(능금산), 시트릭산(구연산)을 이용한다. A.H.A는 각질 세포 간 결합력을 약화시키고 각질 세포 탈락을 촉진하여 과각화현상을 예방한다. 또한 티로시나아제의 효소작용을 억제하여 미백효과도 있다.

사용 시 농도를 10% 넘지 않도록 하며 시간을 정확하게 적용하고 사용 후 진정관리를 해주어야 한다.

천연 과일산 성분		추출	한글표기	효과
Glycolic acid	클리콜릭 에시드	사탕수수	사탕수수산	분자크기가 작아 흡수율 높음
Latic acid	락틱 에시드	우유	젖산	발효 우유에서 추출
Tataric acid	타타릭 에시드	포도	주석산	신대대사 촉진
Malic acid	말릭 에시드	사과	능금산	피부유연화
Citric acid	시트릭 에시드	감귤류	구연산	pH 조절

Chapter

04 매뉴얼 테크닉

1 매뉴얼 테크닉

1) 목적

매뉴얼 테크닉(Masssge)은 그리스어 'Masso'에서 유래된 '문지르다', 'Massein'에서 '반죽하다'라는 뜻으로 근육조직을 쓰다듬기, 마찰하기, 문지르기, 두드리기, 주무르기 등의 행위를 말한다. 화장품을 매개체로 손을 이용하여 피부에 적당한 물리적 자극을 주면서 혈액순환과 신진대사를 촉진하고 피부의 기능을 증진시킨다.

2) 효과

① 혈액순환을 향상시켜 산소와 영양공급을 원활하게 한다.

② 신진대사를 촉진시켜 피부의 기능이 증진된다.

③ 림프순환을 촉진시켜 면역력이 증가된다.

④ 근육이완을 통해 긴장감 및 통증을 완화시킨다.

⑤ 자율신경계에 영향을 주어 심리적 안정감 및 스트레스 완화 효과가 있다.

⑥ 피부표면에 온도를 상승시켜 노폐물 배출을 돕는 작용을 한다.

⑦ 피부를 유연하게 하고 근육톤을 향상시킨다.

⑧ 피부의 세정작용(피지, 각질, 노폐물 제거)을 도와 피부를 청결하게 한다.

⑨ 화장품의 유효성분 흡수력이 높아진다.

3) 금기사항

① 피곤하거나 생리 중은 피한다.

② 피부가 심하게 자극되어 있는 경우는 피한다.

③ 외상, 염증, 알레르기, 감염성이 있는 피부질환 환자는 피한다.

④ 심장병과 같은 문제가 있거나 고혈압이 있는 경우는 피한다.

⑤ 부종, 정맥류, 혈우병 등 혈액순환 관련 질병을 가지고 있는 경우는 피한다.

⑥ 당뇨병 환자, 수술 직후, 임신 중은 피한다.

4) 주의사항

[매뉴얼 테크닉]

① 적당량의 제품을 사용한다.

② 눈, 코, 입 등에 들어가지 않게 주의한다.

③ 테크닉 방향(연결성), 세기(강도), 속도(리듬감), 밀착감, 압, 지속시간에 유의한다.

④ 너무 현란한 테크닉과 과한 지압은 피한다.

⑤ 피부상태를 고려하여 테크닉 동작을 한다.

⑥ 안에서 바깥 방향, 아래에서 위 방향, 말초에서 심장 방향(정맥방향)으로 동작한다.

⑦ 처음과 마지막 테크닉은 쓰다듬기를 한다.

⑧ 테크닉 시 시행하지 않는 부위는 타월로 덮어 보호하도록 한다.

⑨ 테크닉 중 한 손은 반드시 고객의 피부에 있어야 한다.

⑩ 테크닉 후 화장품 잔여물이 남아있지 않게 깨끗하게 제거한다.

[실내분위기]

① 주변 환경은 조용하고, 편안한 상태로 휴식을 위할 수 있도록 한다.

② 관리실이 따뜻하고, 청결한 상태로 쾌적한 공간이어야 한다.

③ 조명이 너무 밝거나 어둡게 하지 않는다.

④ 계절에 맞는 담요, 타월 등 마사지 베드가 준비되어야 한다.

⑤ 잔잔하고 클래식한 음악을 조용히 틀어놓는다.

⑥ 모든 관리제품은 미리 준비되어 있어야 한다.

[관리사]

① 관리사의 손은 반드시 소독을 하고 너무 차갑지 않게 관리한다.

② 장신구(반지, 팔찌, 귀걸이 등)는 관리 전 제거한다.

③ 손톱을 짧아야 하며 네일 폴리시를 바르지 않고 청결해야 한다.

④ 손님과 간격은 20~30cm 정도 유지하며, 구취나 액취가 나지 않도록 유의한다.

⑤ 유니폼은 청결하게 하고, 향수나 메이크업을 너무 진하게 하지 않는다.

⑥ 긴 헤어는 밴드나 핀으로 고정하여 단정하게 한다.

⑦ 관리 중 오고 갈 때 발소리가 나지 않도록 한다.

⑧ 관리는 정성껏 실시한다.

5) 매뉴얼 테크닉을 위한 근육

구분	특징
전두근	이마의 주름을 만들고 눈썹을 위로 당기는 기능한다.
측두근	저작근의 하나로 음식을 씹을 때 턱을 움직이게 한다.
추미근	미간에 주름을 만든다.
안륜근	눈을 감거나 뜨게 한다.
비근	코 위 주름을 만들고 비공을 넓히는 데 사용한다.
구륜근	입을 다물거나 앞쪽으로 내밀게 한다.
이근	턱을 끌어 올리고 아랫입술을 앞으로 내민다.
소관골근	윗입술을 들어 올린다.
대관골근	입술 끝을 올리거나 웃게 한다.

구각거근	입술 끝을 올린다.
구각하제근	입술 끝을 내린다.
상순거근	윗 입술을 올린다.
하순하제근	아랫 입술을 내린다.
광경근	목 주름을 만든다.
흉쇄유돌근	얼굴을 반대로 돌리며, 턱을 올리거나 내린다.
협근	입안의 압력을 유지하고 성난 표정을 만든다.
교근	저작근(측두근, 교근, 내익돌근, 외익돌근)의 하나로 음식을 씹는 작용, 아래턱을 올린다.

안면근의 전면과 측면

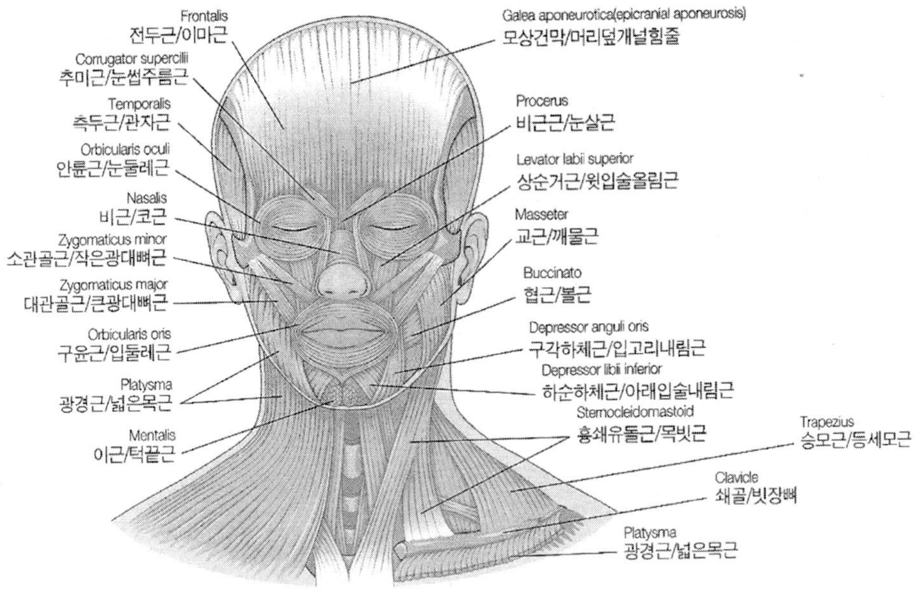
Frontalis
전두근/이마근
Corrugator supercilii
추미근/눈썹주름근
Temporalis
측두근/관자근
Orbicularis oculi
안륜근/눈둘레근
Nasalis
비근/코근
Zygomaticus minor
소관골근/작은광대뼈근
Zygomaticus major
대관골근/큰광대뼈근
Orbicularis oris
구윤근/입둘레근
Platysma
광경근/넓은목근
Mentalis
이근/턱끝근
Galea aponeurotica(epicranial aponeurosis)
모상건막/머리덮개널힘줄
Procerus
비근근/눈살근
Levator labii superior
상순거근/윗입술올림근
Masseter
교근/깨물근
Buccinato
협근/볼근
Depressor anguli oris
구각하체근/입고리내림근
Depressor libii inferior
하순하체근/아래입술내림근
Sternocleidomastoid
흉쇄유돌근/목빗근
Trapezius
승모근/등세모근
Clavicle
쇄골/빗장뼈
Platysma
광경근/넓은목근

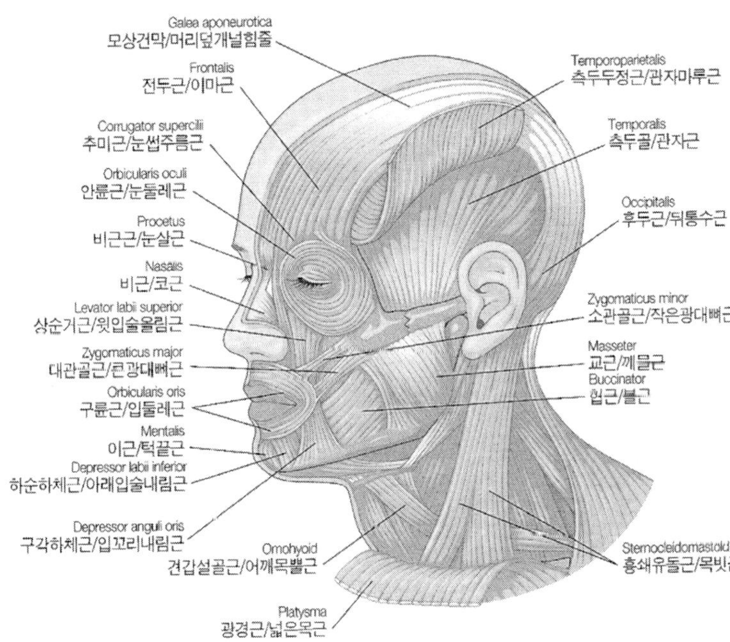
Galea aponeurotica
모상건막/머리덮개널힘줄
Frontalis
전두근/이마근
Corrugator supercilii
추미근/눈썹주름근
Orbicularis oculi
안륜근/눈둘레근
Procetus
비근근/눈살근
Nasalis
비근/코근
Levator labii superior
상순거근/윗입술올림근
Zygomaticus major
대관골근/큰광대뼈근
Orbicularis oris
구륜근/입둘레근
Mentalis
이근/턱끝근
Depressor labii inferior
하순하체근/아래입술내림근
Depressor anguli oris
구각하체근/입꼬리내림근
Omohyoid
견갑설골근/어깨목뿔근
Platysma
광경근/넓은목근
Temporoparietalis
측두두정근/관자마루근
Temporalis
측두골/관자근
Occipitalis
후두근/뒤통수근
Zygomaticus minor
소관골근/작은광대뼈근
Masseter
교근/깨물근
Buccinator
협근/볼근
Sternocleidomastoid
흉쇄유돌근/목빗근

6) 매뉴얼 테크닉을 위한 혈 부위

안면 혈

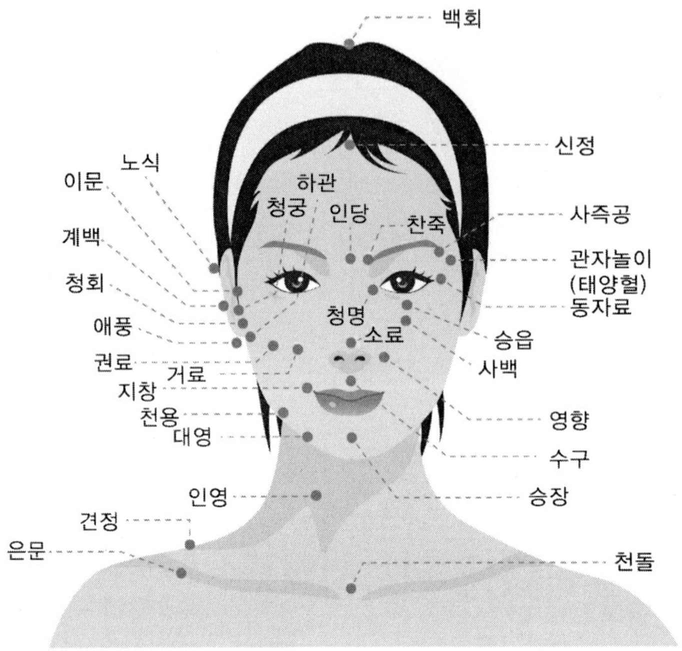

7) 매뉴얼 테크닉의 종류

기본동작		방법	효과
경찰법 (Effeurage)	쓰다듬기	- 손가락과 손바닥 전체를 이용하여 부드럽게 피부를 쓰다듬기 - 매뉴얼 테크닉의 시작과 마무리 동작에 사용	- 근육이완 - 심리적 안정, 진정, 긴장완화 - 림프 및 혈액순환 촉진 - 부종감소 - 노화각질 제거
강찰법 (Friction)	문지르기 마찰하기	- 손가락 끝을 이용하여 가볍게 원을 그리며 문지르기 - 이마, 눈, 입 주위 사용 - 테크닉 중간 부분에 사용	- 신진대사 촉진 - 피지선 자극으로 노폐물 제거 - 피부조직 유연
유연법 (Petrissage)	주무르기 반죽하기	- 피부조직을 손 전체를 이용하여 강하게 쥐고 풀고하는 주무르기 - 턱, 볼 부위 사용 - 신체 모든 부위 사용	- 근육이완으로 통증 완화 - 피부 및 근육 탄력 증대 - 림프 및 혈액 순환 증대
고타법 (Tapotment)	두드리기	- 손가락으로 빠르게 두드리기 - 손가락 끝은 안면 사용 - 손의 측면과 주먹은 전신 사용	- 탄력증진 - 신경과 근육에 자극 - 혈액순환
진동법 (Vibration)	떨어주기	- 손 전체 또는 손가락으로 고른 진동하기 - 손가락으로 안면 사용 - 다리나 팔을 흔들어 주는 동작 사용	- 신경자극 - 긴장이완 - 혈액순환 - 시원한 느낌

Chapter

05 전신 관리

1 팔 관리

① 순환이 되지 않으면 차가워지는 부위이다.

② 손끝에서 어깨까지 세심하게 매뉴얼 테크닉을 한다.

③ 안면관리와 전신관의 상승효과를 줄 수 있다.

④ 액와 부위는 림프절이 모이므로 세심한 관리가 필요하다.

⑤ 관리 목적에 따라 가슴관리와 연결하여 테크닉을 한다.

⑥ 석션이나 초음파 등의 기기를 적용할 수 있다.

2 다리 관리

① 심장과 멀리 있는 부위로 차가워지기 쉬운 부위이다.

② 인체의 노폐물 제거 및 각 기관의 활동을 원활히 한다.

③ 발에는 경혈점이 분포되어 전신관리에 효과적이다.

④ 각선미를 돋보이고 다리를 날씬하게 관리하는 효과가 있다.

3 등 관리

① 척추를 중심으로 중추신경계가 있어 신경안정에 효과적이다.

② 피곤하면 경추부위와 어깨부위가 경직되므로 유연하게 풀어준다.

③ 경락상 척추 주위에 경혈점이 분포되어 순환관리에 효과적이다.

④ 모든 관리의 기본이 되고 다른 부위의 관리효과를 상승시키는 효과가 있다.

⑤ 매뉴얼 테크닉은 경직된 등의 교정효과와 이완효과가 있다.

4 복부 관리

① 복부에는 장기가 위치하고 있다.

② 매뉴얼 테크닉은 장운동, 복부비만에 효과가 있다.

③ 관리를 통하여 노폐물 배출, 혈액순환을 촉진한다.

④ 생리 중이거나 임신 중에는 관리를 피하는 것이 좋다.

⑤ 대장의 연동운동 방향으로 관리한다.

PART 03

안면관리실무

Chapter 01

안면 클렌징

1 터번

1) 터번 동작 순서

① 터번 베드에 깔기

터번은 베드의 최상단에 오도록 한다.

② 터번 중심에 위치

터번은 중심과 고객의 뒷목 중심에 맞춘다.

③ 터번 면 확인

터번의 왼쪽 뒷면에 접착부위(까칠까칠한 면)가 오도록 한다.

④ 접착부위 확인

터번의 오른쪽 앞면에 접착부위(부드러운 면)가 오도록 한다.

⑤ 터번 접착하기

왼손으로 터번의 왼쪽을 잡고 오른손은 헤어라인을 정리하면서 잘 감싸서 머리 중앙부위까지 와서 왼손으로 고정한다. 오른손으로 터번의 오른쪽을 잡고 잘 감싸서 머리 중앙부위에서 겹쳐지게 접착한다.

⑥ 귀 정리하기

귀를 터번 밖으로 빼 주고, 고객이 불편하지 않도록 너무 당기지 않는다.

⑦ 강도 조절하기

터번이 각이 지지 않고 곡선이 되어서 얼굴의 라인이 자연스럽게 보이도록 한다.

터번 동작 순서

동작이름	테크닉 그리기	동작내용	비고
① 터번 베드에 깔기	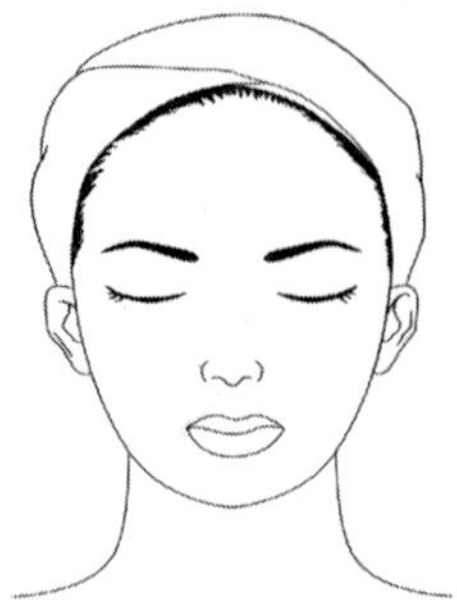		
② 터번 중심에 위치	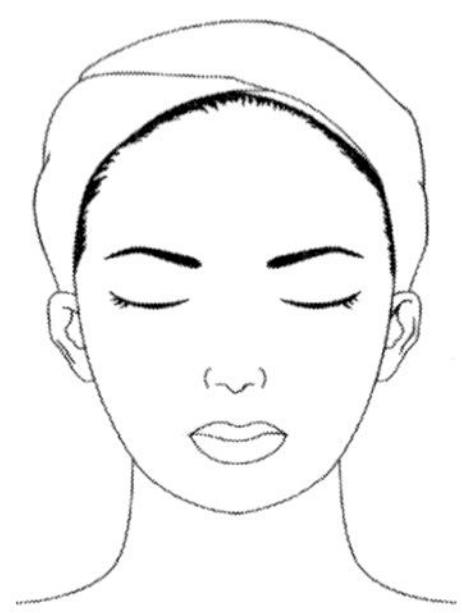		
③ 터번 면 확인	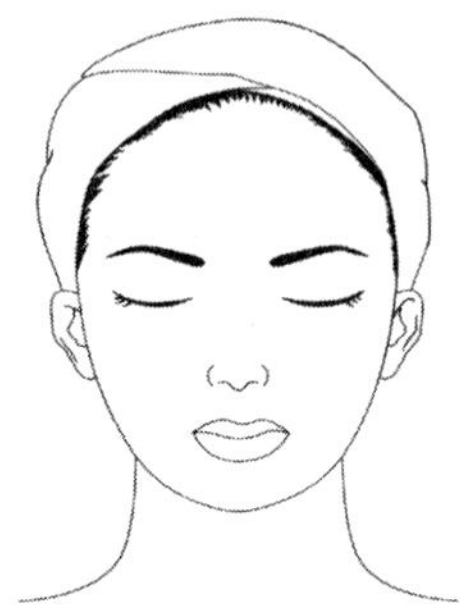		
④ 접착부위 확인	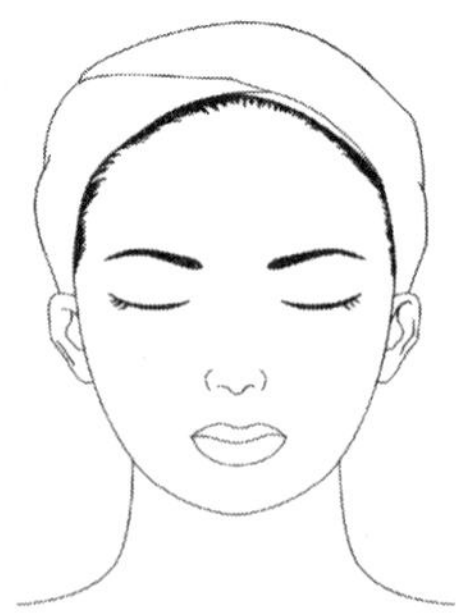		

터번 동작 순서			
동작이름	테크닉 그리기	동작내용	비고
⑤ 터번 접착하기	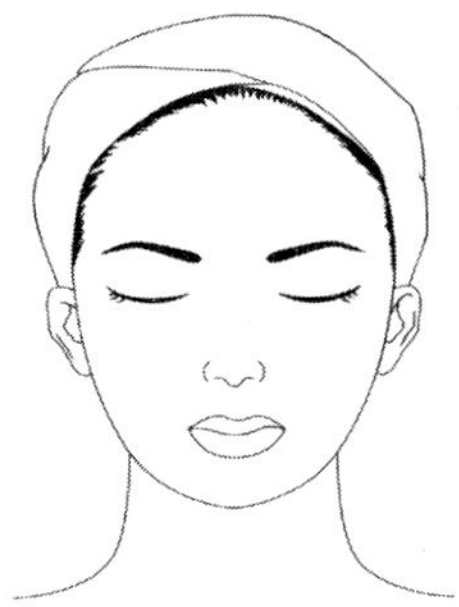		
⑥ 귀 정리하기	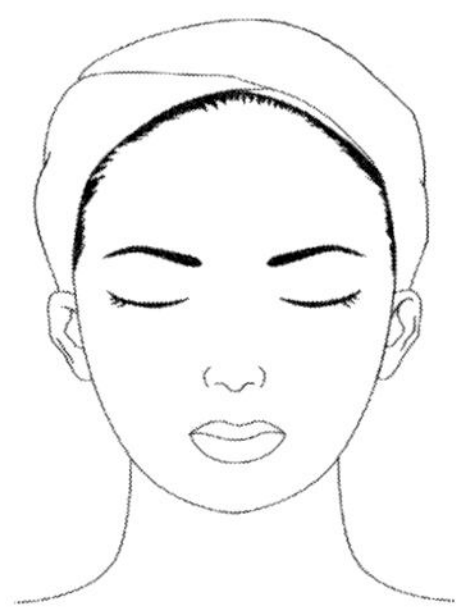		
⑦ 강도 조절하기	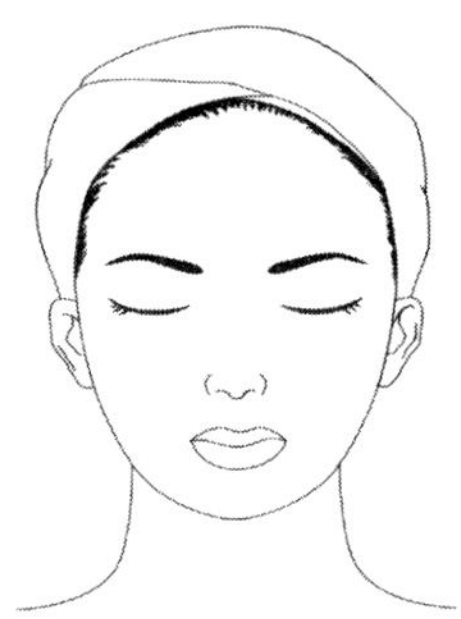		

2 포인트 메이크업 클렌징

1) 포인트 메이크업 클렌징 동작 순서

① 손에 알코올을 직접 분무하거나 화장솜에 묻혀 손 소독을 하기

② 젖은 화장솜에 리무버 묻히기

포인트 메이크업 리무버를 화장솜과 면봉에 묻히기

③ 눈, 입술에 화장솜 올리기

화장솜을 눈썹, 속눈썹이 덮이도록 올리고 입술도 올리기

④ 대기하기

양쪽 눈과 입술 위에 리무버를 묻힌 화장솜을 올려두어 1분 정도 대기하기

⑤ 눈 클렌징

중지에 화장솜을 끼워 눈 안에서 바깥방향으로 속눈썹, 눈두덩, 눈썹 닦기

⑥ 아이라인, 마스카라 클렌징

화장솜을 속눈썹 밑에 깔아놓고 면봉으로 굴려가며 아이라인과 마스카라를 닦기

⑦ 마스카라 닦기

속눈썹 밑에 넣어둔 화장솜을 접어 바깥방향으로 빼내며 닦기

⑧ 아이라인 면봉으로 닦기

면봉으로 눈꺼풀을 들어 눈 아래, 위를 다시 한 번 닦기

(반대 눈도 ⑤부터 시행한다.)

⑨ 입술 전체 닦기

입술에 텐션을 잡고 입술 바깥쪽에서 안쪽으로 닦기

⑩ 윗입술 닦기

화장솜으로 윗입술을 입 꼬리에서 중앙방향으로 ↗↖ 으로 닦기

⑪ 아랫입술 닦기

아랫입술은 밑에서 위쪽 방향으로 닦기

⑫ 입술 면봉으로 닦기

한 번 더 잔여물을 확인하면서 면봉으로 깨끗이 닦기

포인트 메이크업 클렌징 동작 순서			
동작이름	테크닉 그리기	동작내용	비고
① 손 소독하기	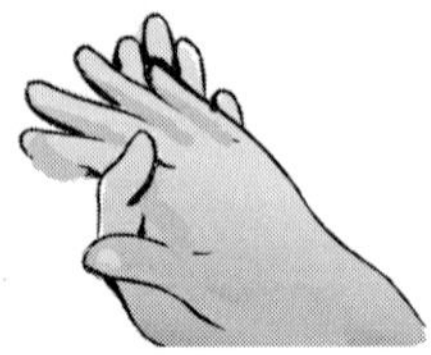		
② 젖은 화장솜에 리무버 묻히기	-		
③ 눈, 입술에 화장솜 올리기	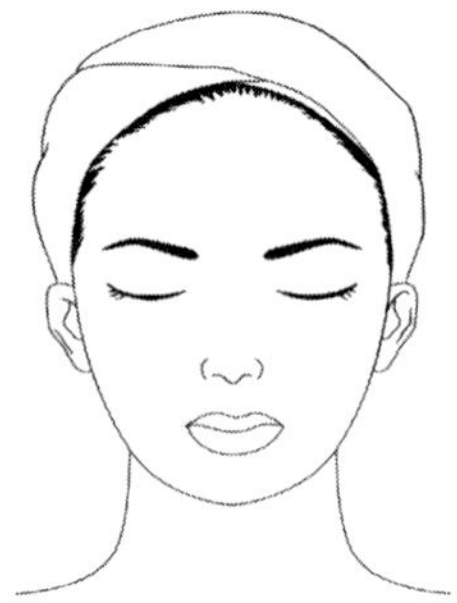		
④ 대기하기	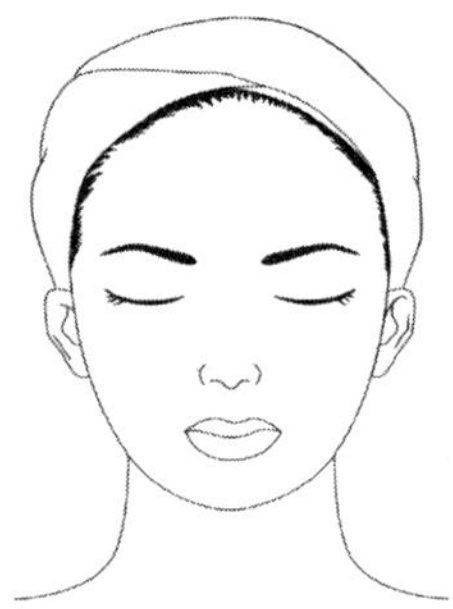		

포인트 메이크업 클렌징 동작 순서			
동작이름	테크닉 그리기	동작내용	비고
⑤ 눈 클렌징	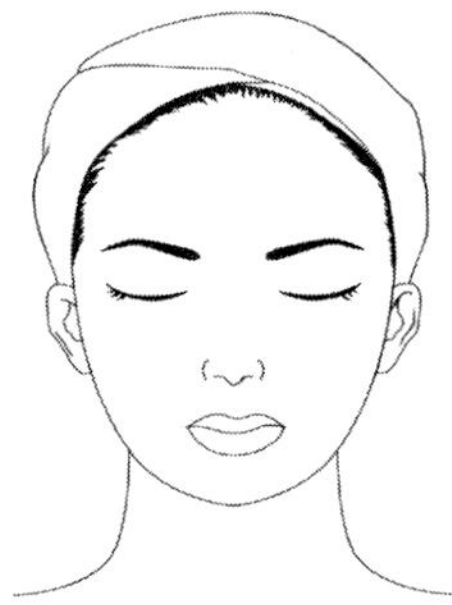		
⑥ 아이라인, 마스카라 클렌징	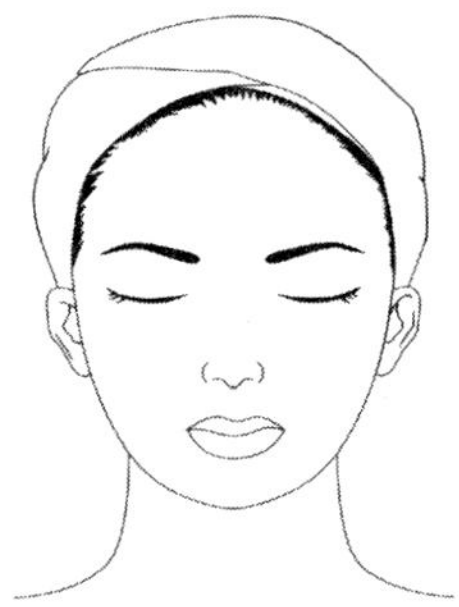		
⑦ 마스카라 닦기	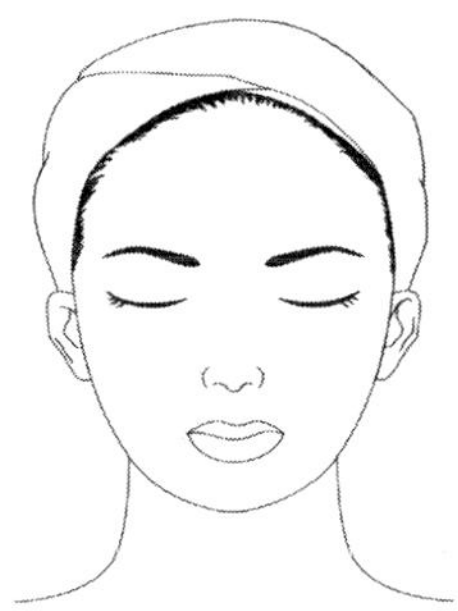		
⑧ 아이라인 면봉으로 닦기	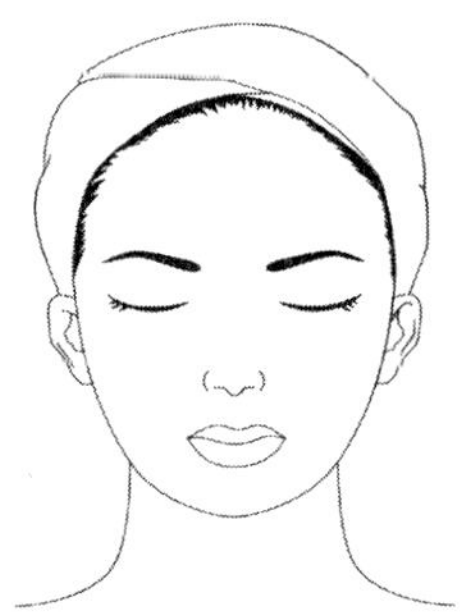		

포인트 메이크업 클렌징 동작 순서

동작이름	테크닉 그리기	동작내용	비고
⑨ 입술 전체 닦기	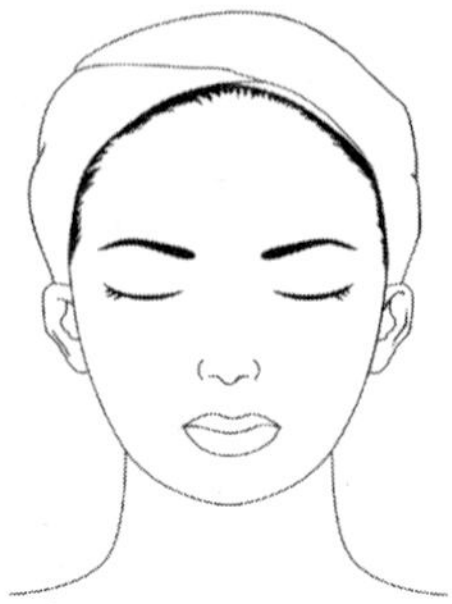		
⑩ 윗입술 닦기	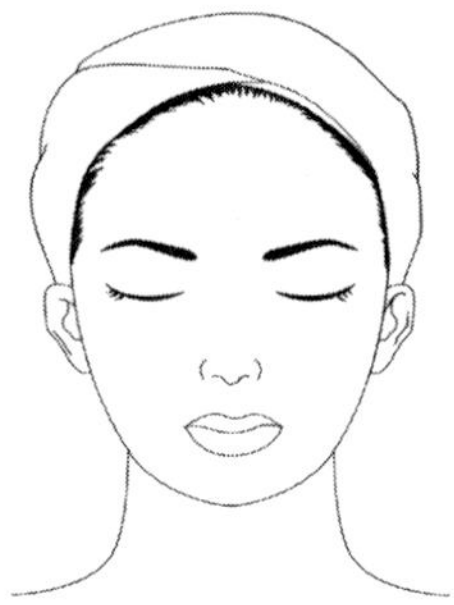		
⑪ 아랫입술 닦기	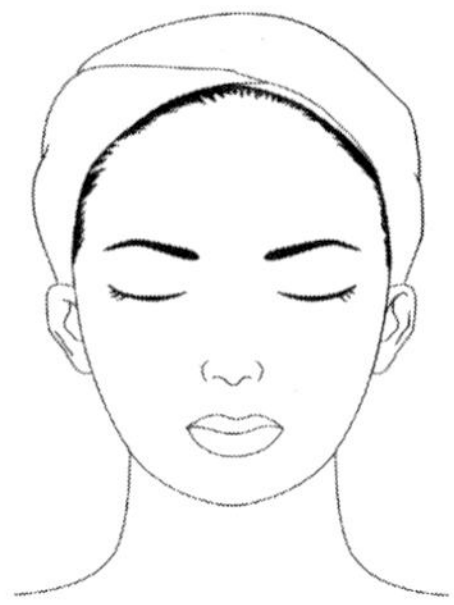		
⑫ 입술 면봉으로 닦기	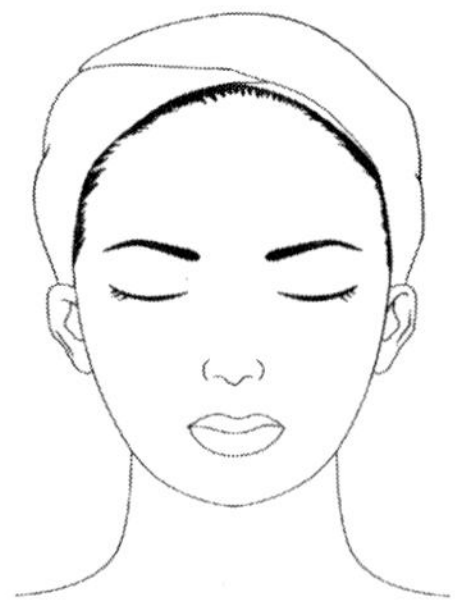		

3 안면 클렌징

1) 안면 클렌징 동작 순서

(1) 안면 클렌징 도포 동작

① 손 소독하기

손을 소독한 후에 클렌저를 유리볼에 적당량을 덜어 놓기

② 클렌저 얼굴에 올리기

손바닥에 클렌저를 조금 덜어 비벼 준 후 이마, 볼, 코, 턱, 목, 데콜테에 클렌저를 올리기

③ 데콜테 교대로 쓰다듬기

양손바닥을 번갈아 이용하여 데콜테를 가로방향으로 도포하기

④ 목 교대로 쓸어 올리기

양손바닥을 번갈아 이용하여 목을 가로방향으로 도포하기

⑤ 턱 교대로 쓰다듬기

양손바닥을 번갈아 이용하여 턱에서 귀 방향으로 도포하기

⑥ 볼 원 그리기

양손바닥을 동시에 이용하여 볼은 원을 그리듯이 도포하기

⑦ 코 등 쓰다듬기

양손가락을 번갈아 이용하여 코를 쓸어 올리듯이 도포하기

⑧ 이마 교대로 쓰다듬기

양손바닥을 번갈아 이용하여 이마를 가로방향으로 도포하기

⑨ 입, 코, 눈 주위 문지르기

얼굴 옆선타고 내려와 입 주위, 코 주위, 눈 주위를 문지르기

⑩ 도포 마무리하기

이마, 관자놀이 지나서 턱 감싸며 귀에서 마무리 한다.

안면 클렌징 도포 동작 순서			
동작이름	테크닉 그리기	동작내용	비고
① 손 소독하기	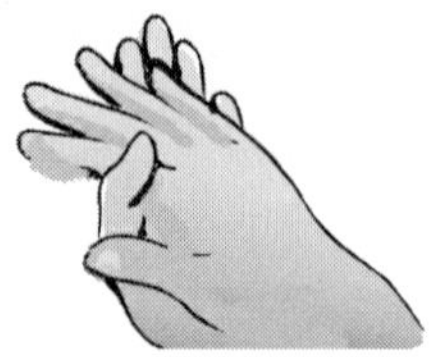		
② 클렌저 얼굴에 올리기	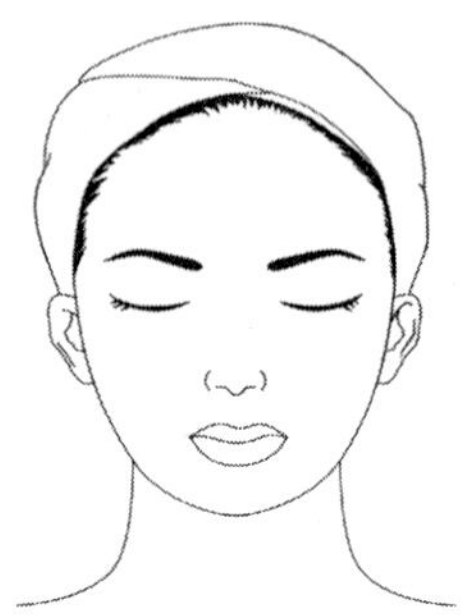		
③ 데콜테 교대로 쓰다듬기	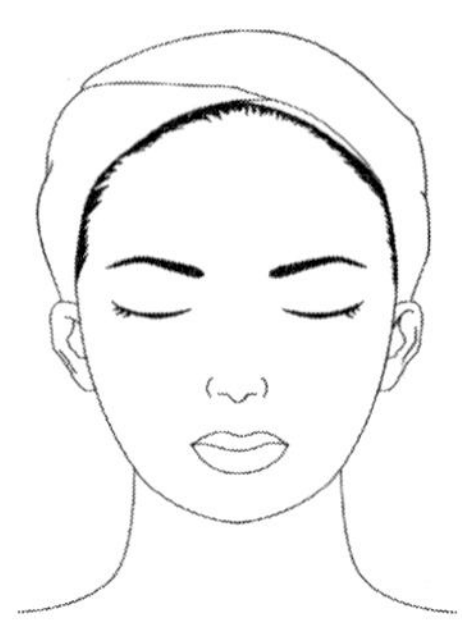		
④ 목을 교대로 쓸어 올리기	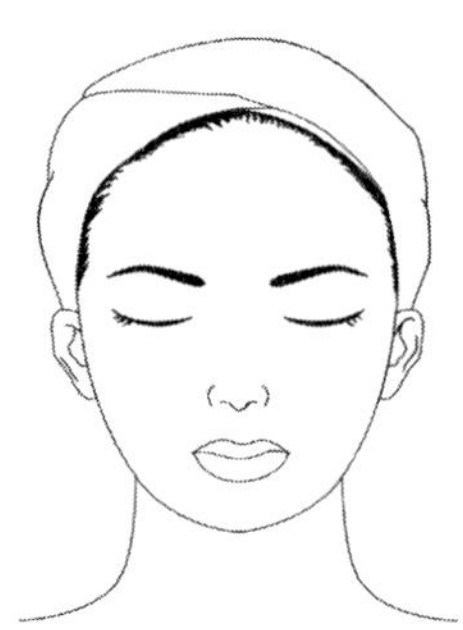		

안면 클렌징 도포 동작 순서			
동작이름	테크닉 그리기	동작내용	비고
⑤ 턱 교대로 쓰다듬기	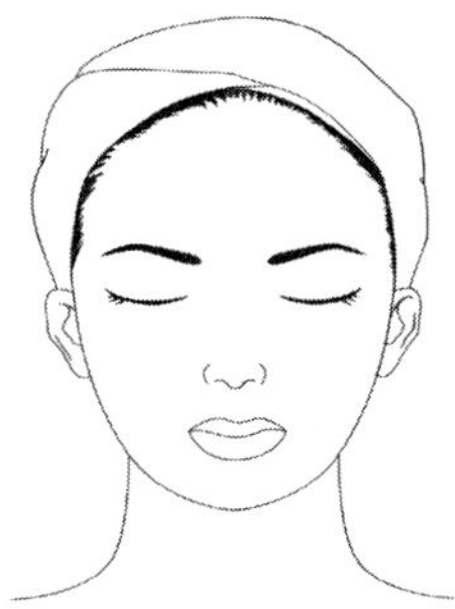		
⑥ 볼 원 그리기	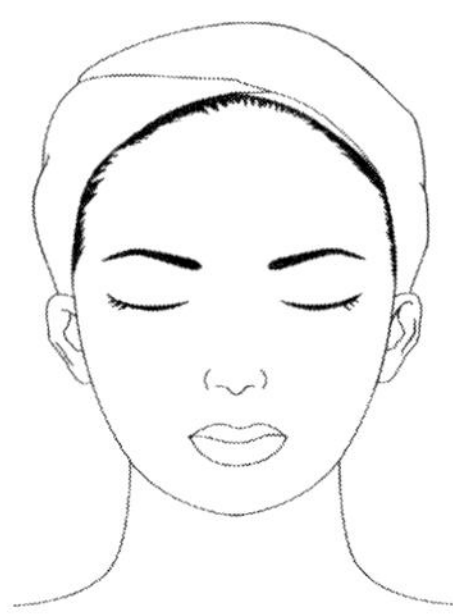		
⑦ 콧등 쓰다듬기	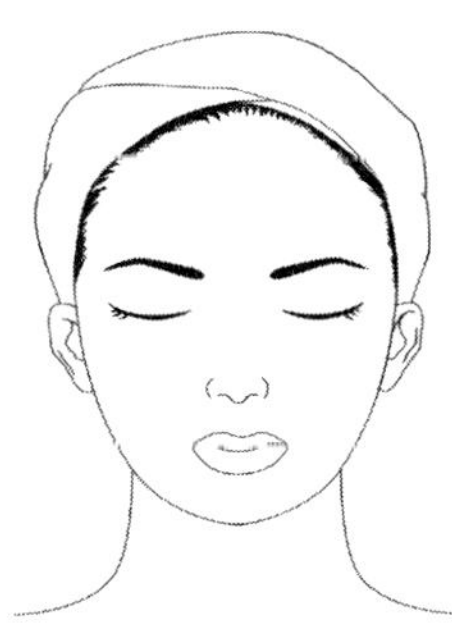		

안면 클렌징 도포 동작 순서			
동작이름	테크닉 그리기	동작내용	비고
⑧ 이마 교대로 쓰다듬기	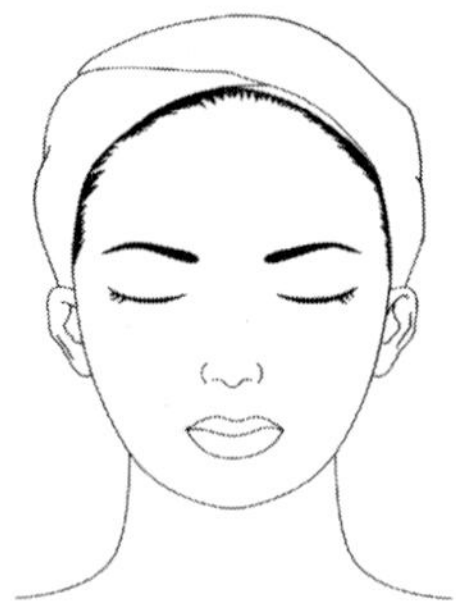		
⑨ 입, 코, 눈 주위 문지르기	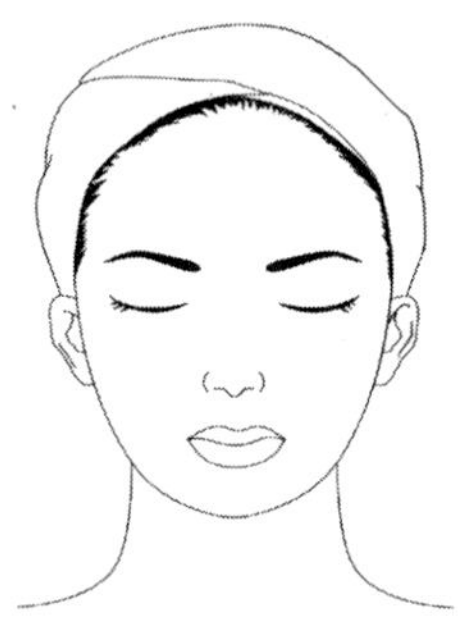		
⑩ 도포 마무리하기	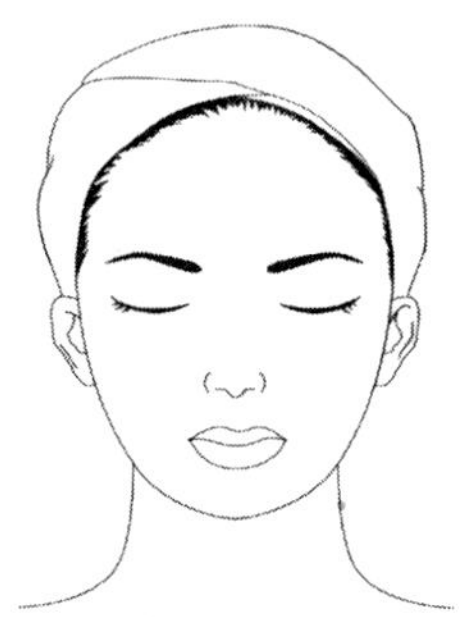		

(2) 안면 클렌징 동작

* 안면 도포 동작 후 연결해서 테크닉을 시행한다.

① 양손을 교대로 쓰다듬기

양손 교대로 데콜테 쓰다듬기

② 동시에 나선형 문지르기

양손 동시에 가슴 중앙에서 액와 부위로 나선형 문지르기

③ 연결하기

양손 동시에 가슴 중앙에서 쇄골, 어깨, 목, 귀밑으로 연결하기

④ 목 세로방향 쓰다듬기

오른쪽에서 왼쪽으로 다시 중앙까지 세로방향 쓰다듬기

⑤ 목 3등분 나선형 문지르기

양손 동시에 목 3등분하여 나선형으로 문지르기

⑥ 턱선 문지르기

2, 3지를 턱에 끼우고, 턱에서 귀 방향으로 번갈아 쓸어 올리기

⑦ 볼 3등분 나선형 문지르기

양손 3, 4지로 볼 3등분(턱- 귀 밑, 입 꼬리- 귀 중앙, 코 옆-관자) 나선형 문지르기

⑧ 이마 쓰다듬기

양손 교대로 가로방향으로 쓰다듬기

⑨ 이미 3등분 나선형 문지르기

이마 중앙에서 관자방향으로 3등분하여 쓸어주기

⑩ 입 주위 반원 그리기

2, 3, 4지는 턱선에 고정 후 양 엄지로 입 주위 반원 그리며 문지르기

⑪ 코 문지르기

양손 중지로 콧망울, 코 벽, 콧등을 쓰다듬고 둥글게 문지르기

⑫ 눈 주위 문지르기

엄지를 이마에 고정 후 3, 4지로 눈 주위를 둥글게 문지르기

⑬ **연결하기**

관자놀이에서 턱 방향으로 가볍게 쓸어 내려주기

⑭ **마무리**

턱 중앙에서 깍지 낀 후, 귀밑으로 양손을 가볍게 빼주면서 마무리하기

안면 클렌징 동작 순서			
동작이름	테크닉 그리기	동작내용	비고
① 양손을 교대로 쓰다듬기	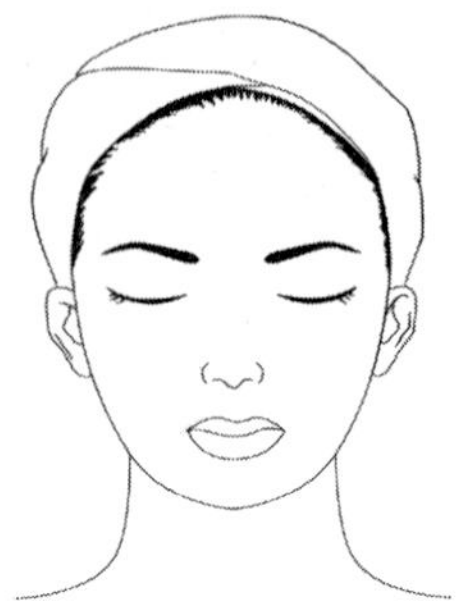		
② 동시에 나선형 문지르기	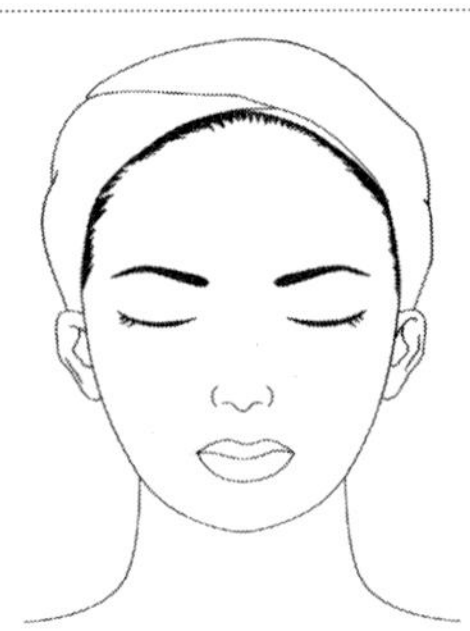		
③ 연결하기	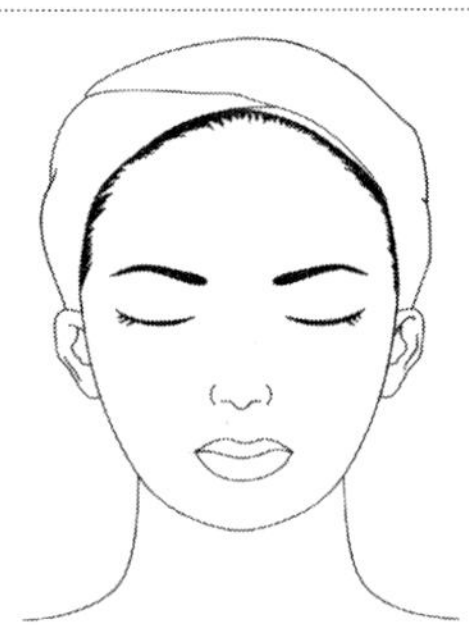		

안면 클렌징 동작 순서			
동작이름	테크닉 그리기	동작내용	비고
④ 목 세로방향 쓰다듬기	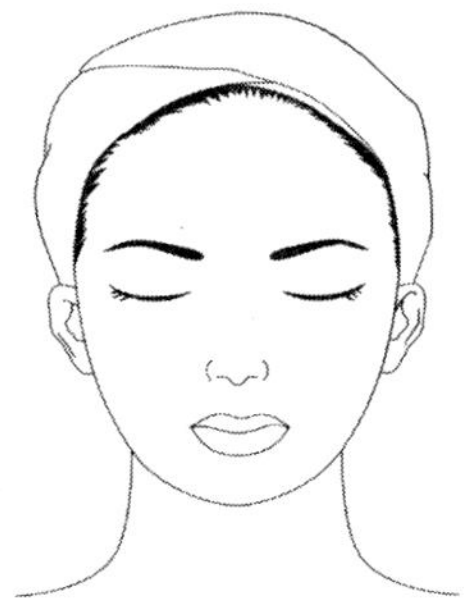		
⑤ 목 3등분 나선형 문지르기	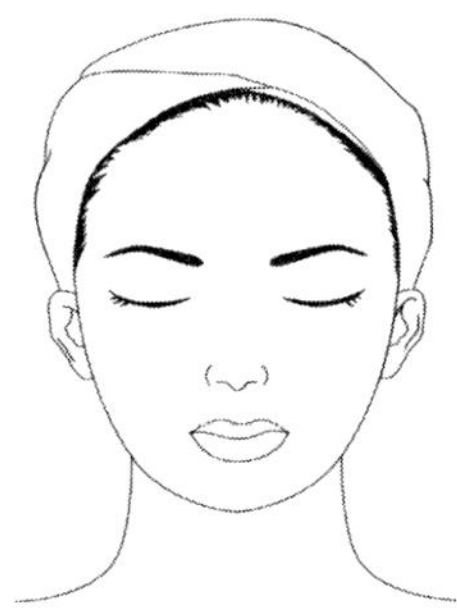		
⑥ 턱선 문지르기	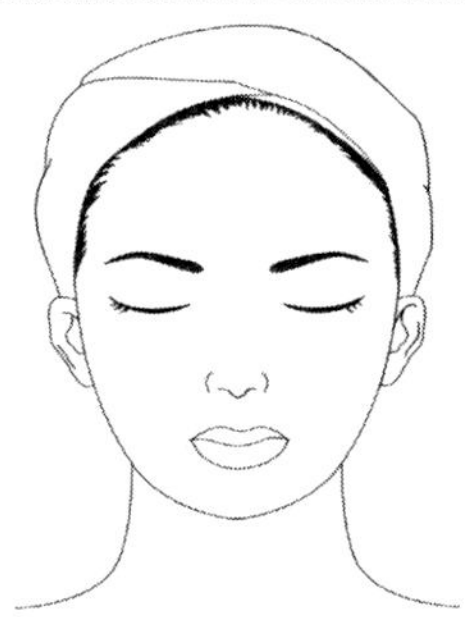		
⑦ 볼 3등분 나선형 문지르기	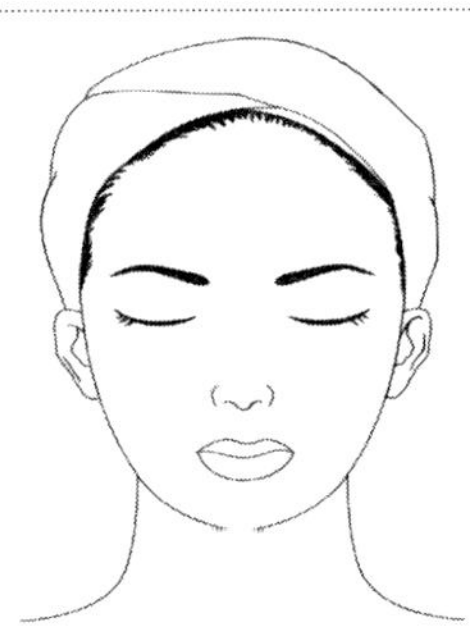		

안면 클렌징 동작 순서

동작이름	테크닉 그리기	동작내용	비고
⑧ 이마 쓰다듬기	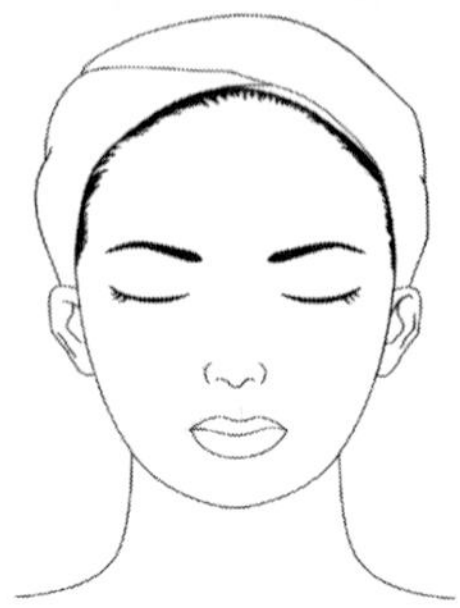		
⑨ 이마 3등분 나선형 문지르기	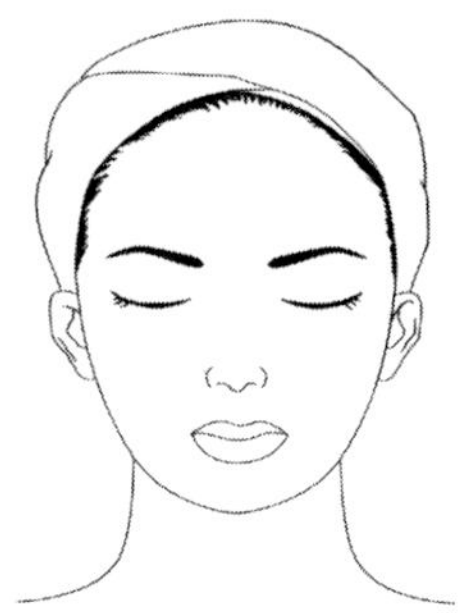		
⑩ 입 주위 반원 그리기	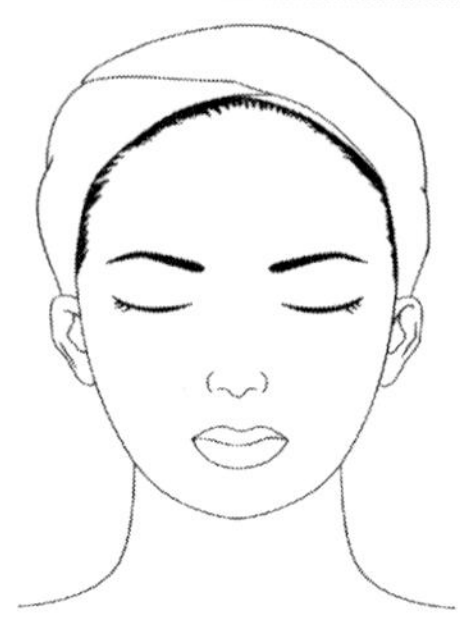		
⑪ 코 문지르기	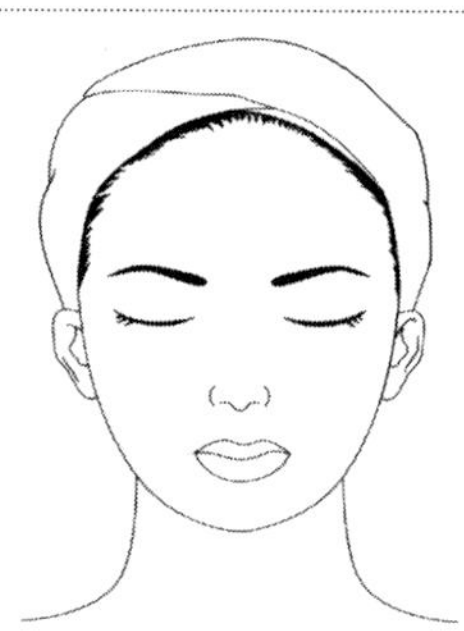		

안면 클렌징 동작 순서			
동작이름	테크닉 그리기	동작내용	비고
⑫ 눈 주위 문지르기			
⑬ 연결하기			
⑭ 마무리			

4 티슈

1) 티슈 동작 순서

① 얼굴 윗부분 유분기 제거

대각선 방향으로 티슈를 삼각형 모양으로 접어 코를 중심(꼭지점이 이마방향)으로 이마쪽 유분기를 가볍게 눌러 닦기

② 얼굴 아랫부분 유분기 제거

한 손은 티슈를 고정하고 다른 한 손으로 티슈를 돌려 내려서(티슈의 깨끗한 면) 코 아랫부분을 가볍게 눌러 닦기

③ 턱, 목 부위 유분기 제거

티슈를 접으면서 턱과 목 부위를 가볍게 닦기

④ 데콜테 유분기 제거

새로운 티슈를 준비하여 데콜테를 양쪽으로 나누어 가볍게 눌러 닦기

⑤ 손가락 티슈로 유분기 제거

새로운 티슈를 손가락에 낀 후(눈 앞, 눈 꼬리, 코 옆, 입 꼬리, 헤어라인) 꼼꼼히 눌러 닦기

티슈 동작 순서			
동작이름	테크닉 그리기	동작내용	비고
① 얼굴 윗부분 유분기 제거	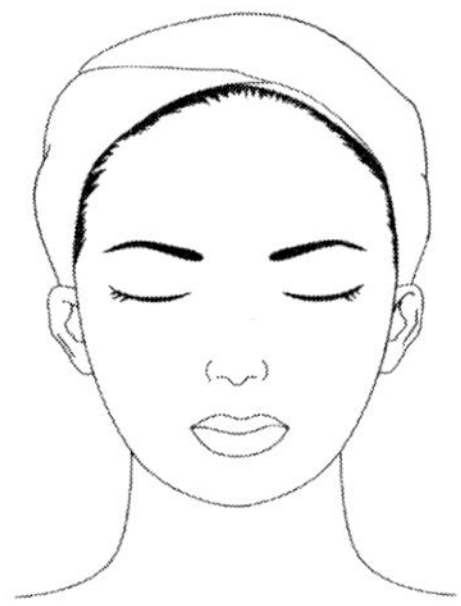		
② 얼굴 아랫부분 유분기 제거	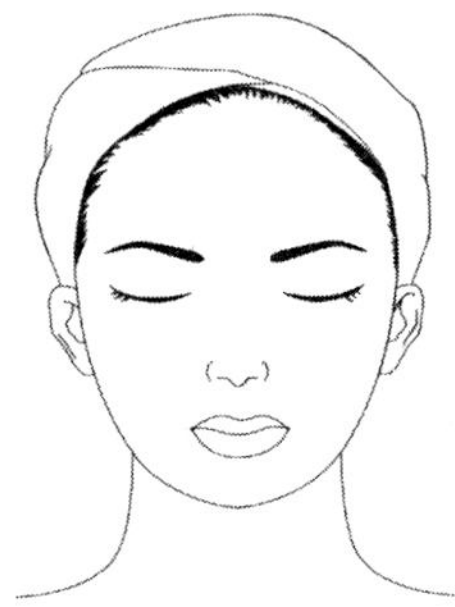		
③ 턱, 목 부위 유분기 제거	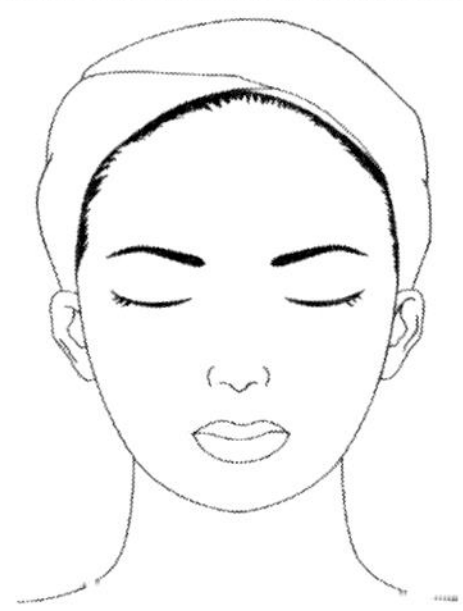		
④ 데콜테 유분기 제거	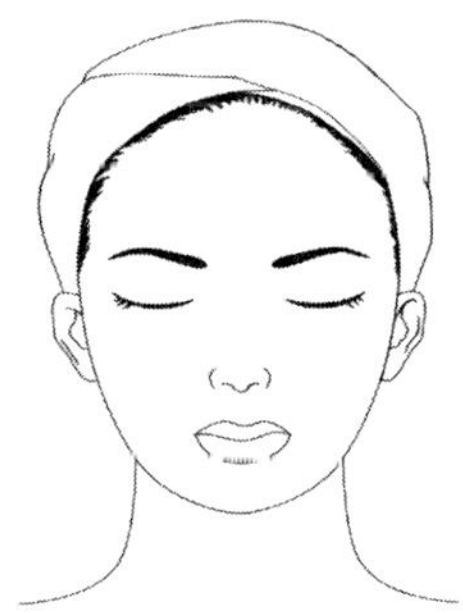		

티슈 동작 순서			
동작이름	테크닉 그리기	동작내용	비고
⑤ 손가락 티슈로 유분기 제거	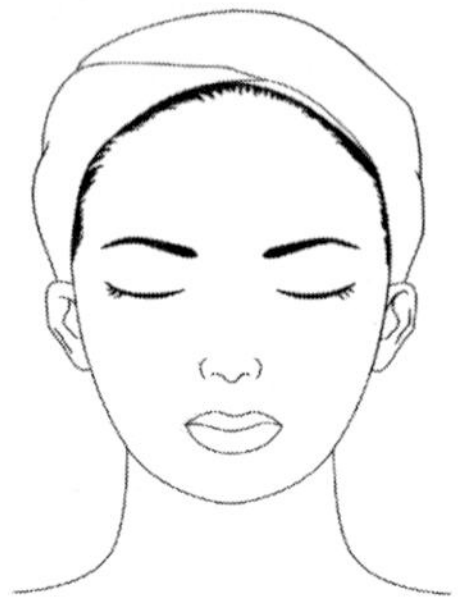		

5 해면

1) 해면 동작 순서

① 눈 3등분 닦아주기
눈 아래, 눈두덩, 눈썹 3등분으로 나누어 안에서 바깥쪽으로 닦기

② 이마 3등분 닦아주기
이마부위를 3등분하여 안에서 바깥쪽으로 닦기

③ 볼 3등분 닦아주기
볼 부위를 3등분(코 옆 - 관자놀이, 입 꼬리 - 귀 중앙, 턱 - 귀 밑)하여 안에서 바깥쪽으로 닦기

④ 콧등, 코 벽 닦아주기
미간에서 콧등을 아래 방향으로 번갈아 닦기
코 벽을 아래 방향으로 한 손씩 닦기

⑤ 코 벽, 인중 닦아주기
왼손으로 오른쪽 코 벽을 닦고 콧망울, 인중을 지나면서 닦기
오른손으로 왼쪽 코 벽을 닦고 콧망울, 인중을 지나면서 닦기

⑥ 입 주위 닦아주기
입술 위, 입 꼬리, 입술 아래 부위를 안에서 바깥으로 닦기

⑦ 턱선, 턱 밑 닦아주기
턱선, 턱 밑을 중앙에서 귀 방향으로 연결해서 닦기

⑧ 목 가로방향 닦아주기
양손을 교대로 목을 가로방향으로 닦기

⑨ 목 세로방향 닦아주기
양손을 교대로 목을 세로방향으로 닦기

⑩ 데콜테 교대로 닦아주기

오른손으로 왼쪽 데콜테에서 오른쪽 방향으로 닦기

왼손으로 오른쪽 데콜테에서 왼쪽 방향으로 닦기

⑪ 마무리

어깨부위, 승모근, 목 뒤를 지나서 귀 밑에서 마무리하기

해면 동작 순서			
동작이름	테크닉 그리기	동작내용	비고
① 눈 3등분 닦아주기	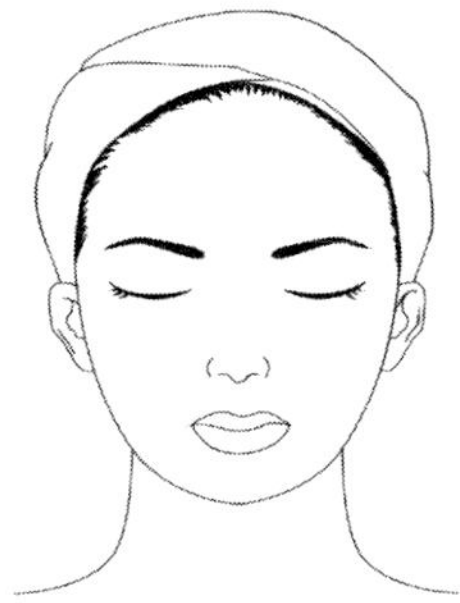		
② 이마 3등분 닦아주기	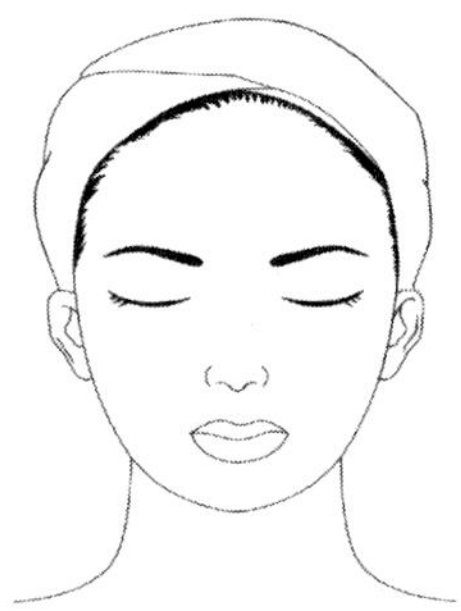		
③ 볼 3등분 닦아주기	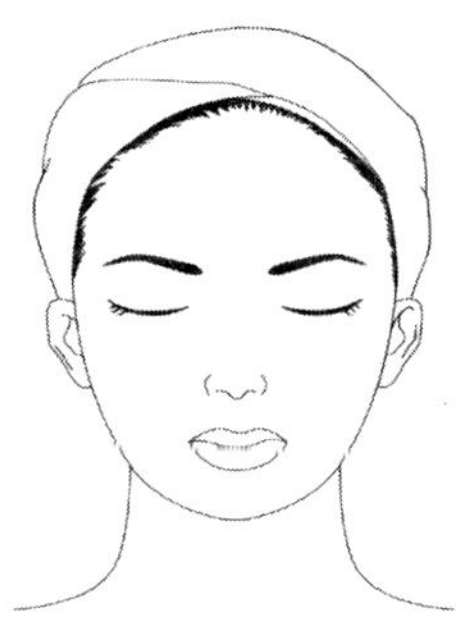		
④ 콧등, 코 벽 닦아주기	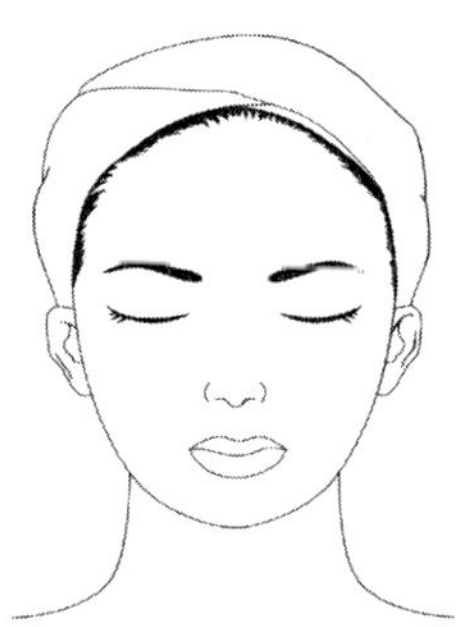		

해면 동작 순서

동작이름	테크닉 그리기	동작내용	비고
⑤ 코 벽, 인중 닦아주기	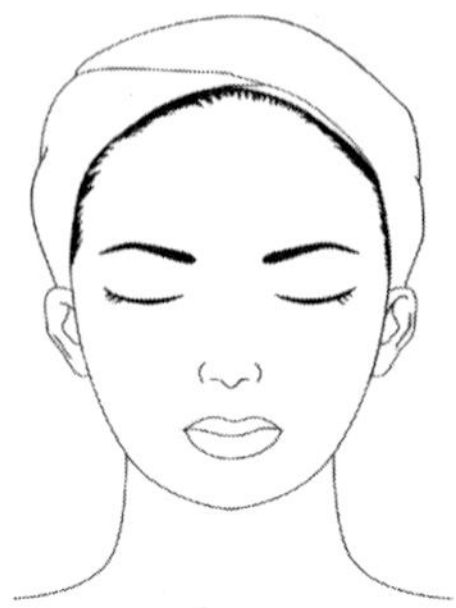		
⑥ 입 주위 닦아주기	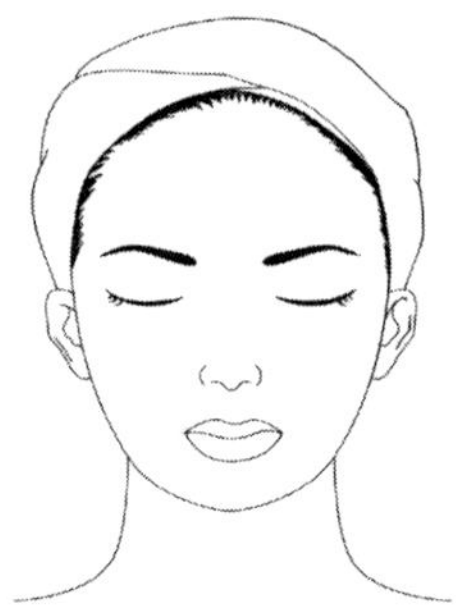		
⑦ 턱선, 턱 밑 닦아주기	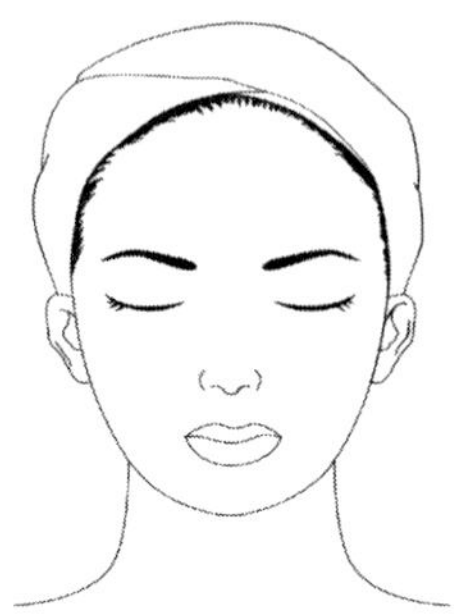		
⑧ 목 가로방향 닦아주기	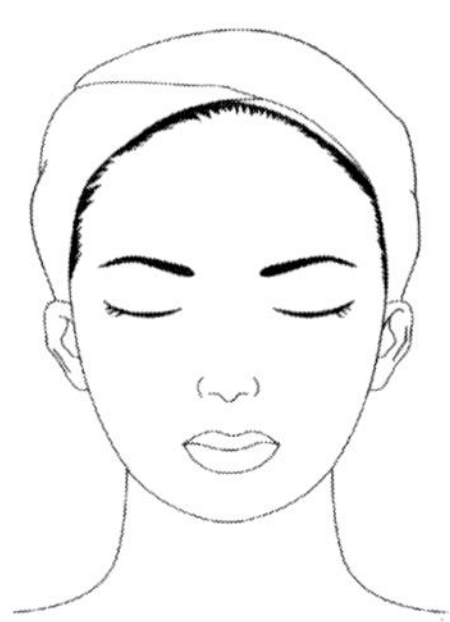		

해면 동작 순서			
동작이름	테크닉 그리기	동작내용	비고
⑨ 목 세로방향 닦아주기			
⑩ 데콜테 교대로 닦아주기	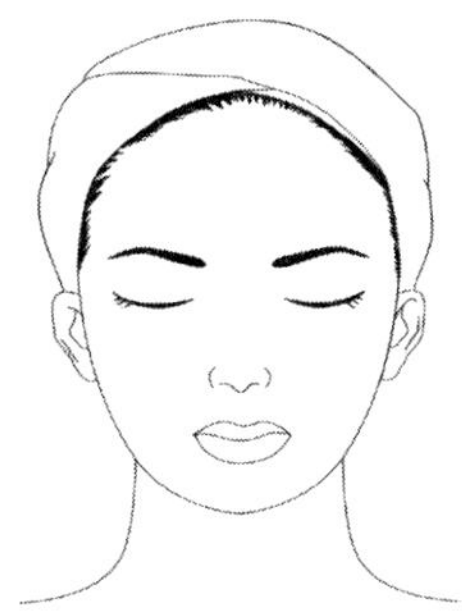		
⑪ 마무리	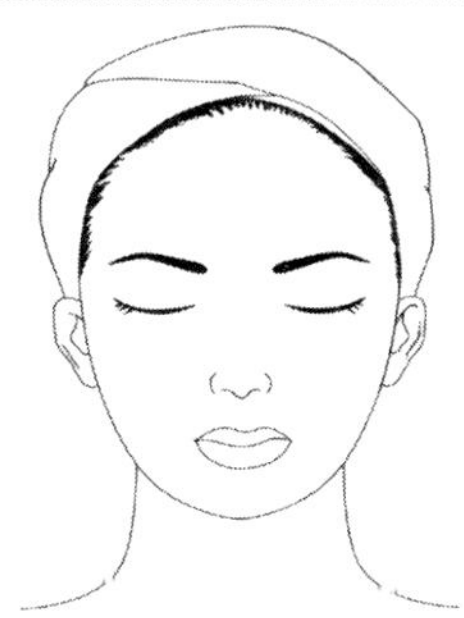		

6 습포

1) 습포 동작 순서

① 습포 온도 체크하기

관리사의 손목 안쪽에 온습포를 살짝 대어 온도를 확인하기

② 습포 얼굴에 올리기

온습포를 코 아래 부분에 놓은 후 코를 중심으로 삼각형으로 접어서(코 구멍을 막지 않고) 이마에서 겹치게 올리기

③ 습포 밀착하기

손바닥으로 얼굴 전체를 가볍게 밀착시켜준 후 눈, 이마, 볼, 턱을 지긋이 양 손바닥으로 눌러주기

④ 습포 손으로 잡기

온습포를 펴서 턱 밑 위치에서 손을 넣기

⑤ 눈 부위 닦아주기

엄지를 이용하여 눈(눈 밑, 눈두덩, 눈썹)부위를 안에서 바깥쪽으로 자극 없이 닦기

⑥ 이마 3등분 닦아주기

이마를 모지 측을 이용하여 중심에서 3등분하여 안에서 바깥쪽으로 닦기

⑦ 코, 입 닦아주기

콧등, 코 벽, 콧망울을 아래방향으로 닦아준 후 인중, 입술 아래 부위를 닦기

⑧ 볼 3등분 닦아주기

온습포의 면을 바꿔 볼 부위를 3등분하여 안에서 바깥쪽으로 닦기

⑨ 턱선, 턱밑 닦아주기

턱선 과 턱밑을 닦아주며 귀 불까지 닦기

⑩ 목 세로방향 닦아주기

양손으로 동시에 목을 세로방향으로 닦기

⑪ 데콜테 닦아주기

데콜테를 가로방향으로 닦아주며 옆으로 습포를 빼기

온습포를 뒤집어 세로방향으로 반 접어 사용

⑫ 습포 한손으로 잡기

오른손 손바닥 위에 온습포를 올려놓고 왼손으로 오른손 손등의 온습포를 감싸 잡아 오른손을 돌려 잡기(다리미 모양)

⑬ 오른쪽 목, 데콜테 닦아주기

모델의 오른쪽 목과 데콜테를 중앙에서 바깥방향으로 닦기

⑭ 습포 다른 한 손으로 잡기

⑩을 반대로 습포를 잡기(다리미 모양)

⑮ 왼쪽 목, 데콜테 닦아주기

모델의 왼쪽 목과 데콜테를 중앙에서 바깥방향으로 닦기

⑯ 정리하기

온습포를 가지런히 접어 웨건 3단에 놓기

습포 동작 순서			
동작이름	테크닉 그리기	동작내용	비고
① 습포 온도 체크하기	-		
② 습포 얼굴에 올리기	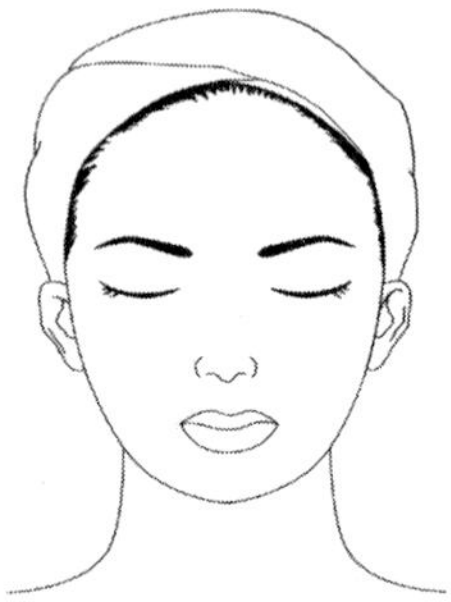		
③ 습포 밀착하기	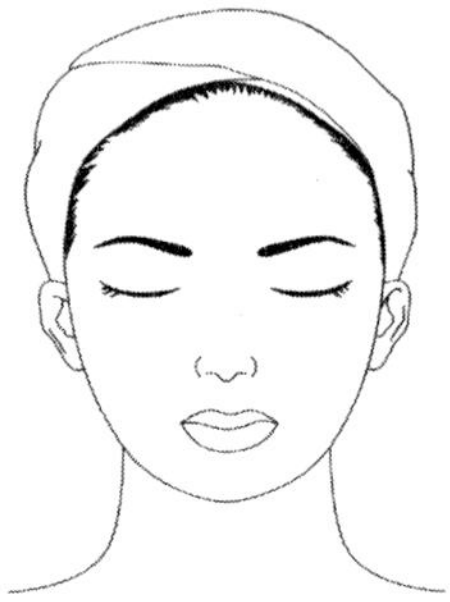		
④ 습포 손으로 잡기	-		

습포 동작 순서			
동작이름	테크닉 그리기	동작내용	비고
⑤ 눈 부위 닦아주기	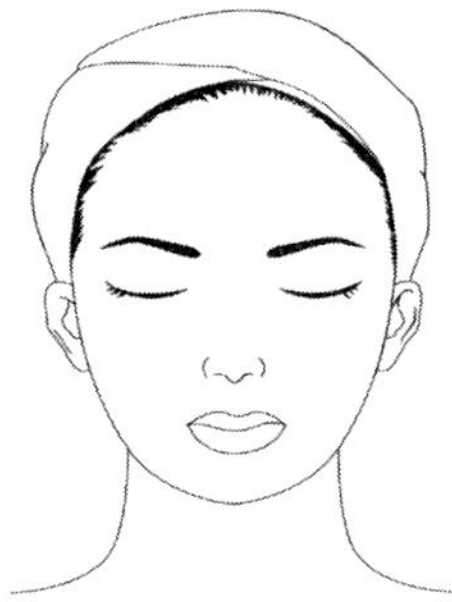		
⑥ 이마 3등분 닦아주기	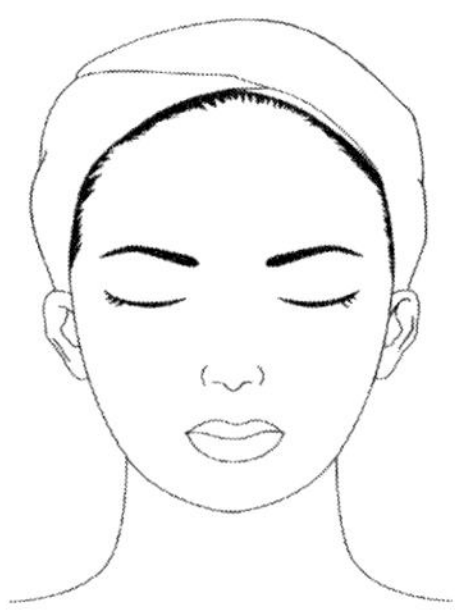		
⑦ 코, 입 닦아주기	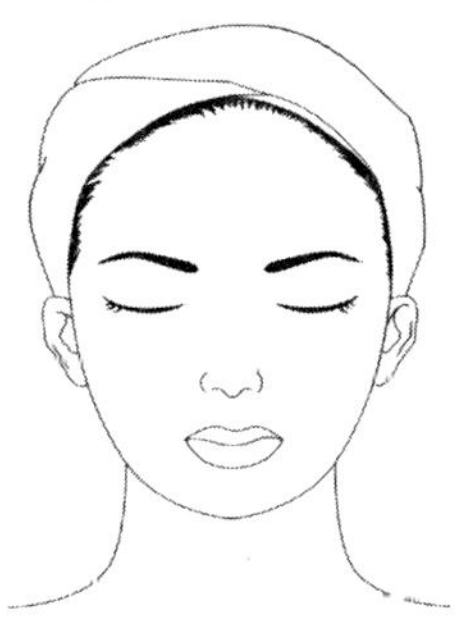		
⑧ 볼 3등분 닦아주기	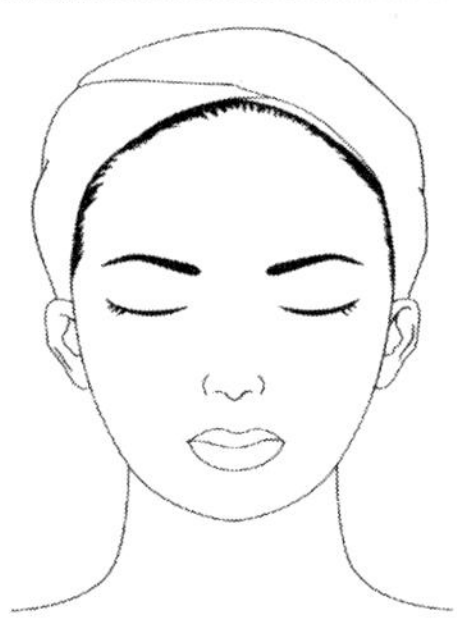		

습포 동작 순서			
동작이름	테크닉 그리기	동작내용	비고
⑨ 턱선, 턱 밑 닦아주기	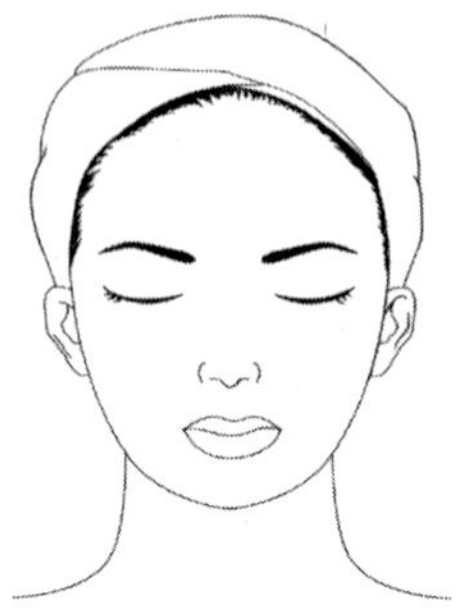		
⑩ 목 세로방향 닦아주기	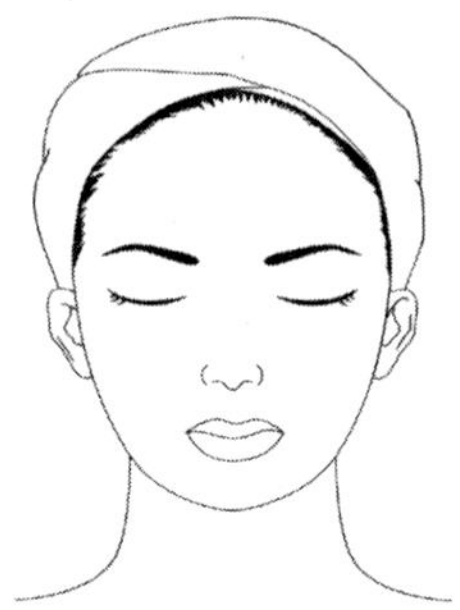		
⑪ 데콜테 닦아주기	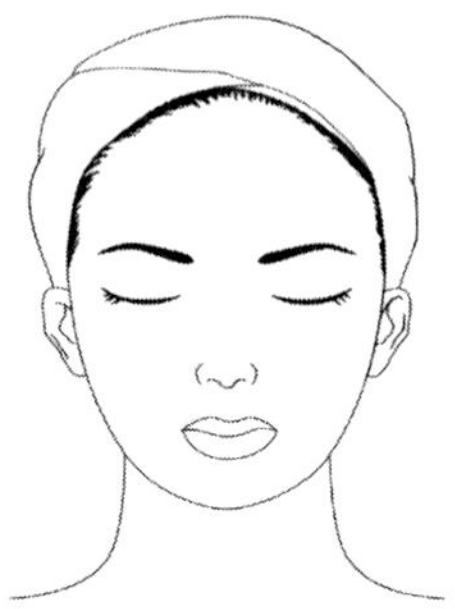		
⑫ 습포 한 손으로 잡기	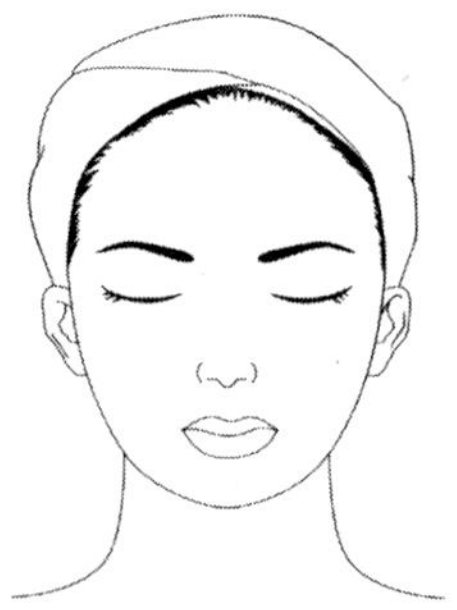		

습포 동작 순서			
동작이름	테크닉 그리기	동작내용	비고
⑬ 오른쪽 목, 데콜테 닦아주기	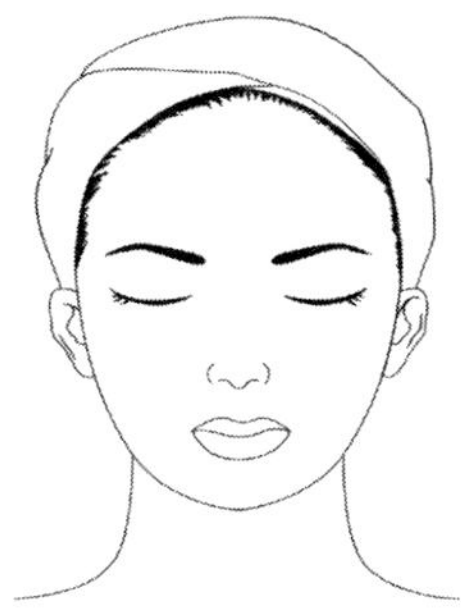		
⑭ 습포 다른 한 손으로 잡기	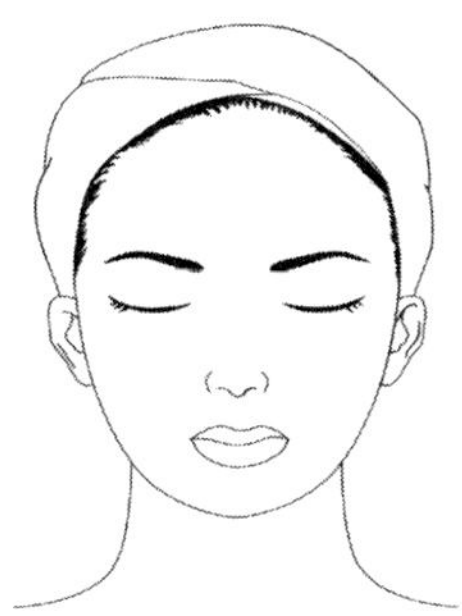		
⑮ 왼쪽 목, 데콜테 닦아주기	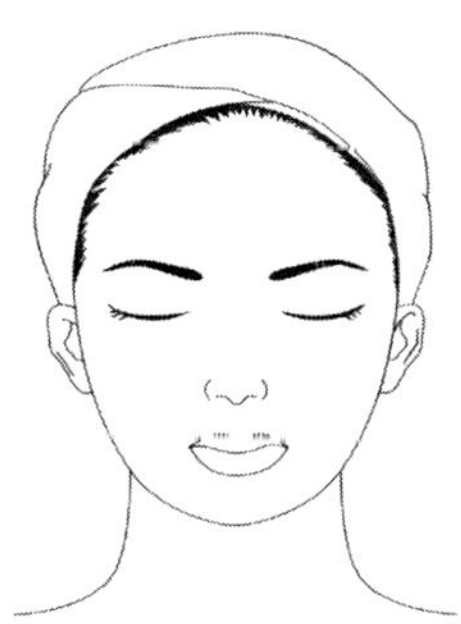		
⑯ 정리하기	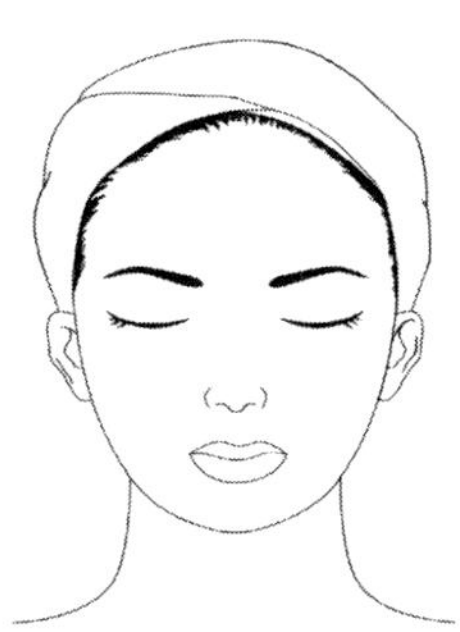		

7 화장수

1) 화장수 동작 순서

① 손 소독하기

손을 소독한다.

② 이마 세로방향 바르기

화장솜을 오른손 중지에 끼우고 왼손은 이마 옆에 고정 후 오른손으로 이마부위를 세로방향(눈썹 위- 헤어라인)으로 바르기

③ 눈 원 그리듯 바르기

오른쪽 눈 주위(눈 밑 돌아 눈두덩)를 안쪽에서 바깥쪽으로 원을 그리듯 바르기

④ 볼 3등분 바르기

오른쪽 볼 3등분(코 옆 - 관자, 입꼬리 - 귀 중앙, 턱 - 귀 밑)하여 안에서 바깥방향으로 바르기

⑤ 입 주위 바르기

오른쪽 귀 밑에서 턱선따라 인중을 돌아 왼쪽 귀밑까지 바르기

⑥ 볼 3등분 바르기

왼쪽 볼 3등분(턱 - 귀밑, 입꼬리- 귀 중앙, 코 옆 - 관자)하여 안에서 바깥방향으로 바르기

⑦ 눈 원 그리듯 바르기

왼쪽 눈 주위(눈 밑 돌아 눈두덩)를 안쪽에서 바깥쪽으로 원을 그리듯 바르기

⑧ 코 바르기

코 벽, 콧등, 코 벽 바르기

⑨ 턱밑, 목 세로방향 바르기

턱밑 바르기, 목 부위 세로방향(쇄골에서 턱선)바르기

⑩ 데콜테 바르기, 두드리기

화장수 동작 순서			
동작이름	테크닉 그리기	동작내용	비고
① 손 소독하기	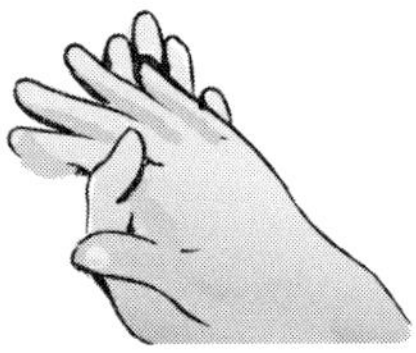		
② 이마 세로 방향 바르기	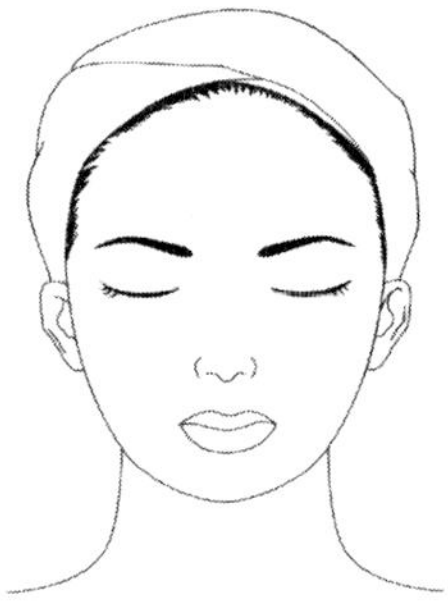		
③ 눈 원 그리듯 바르기	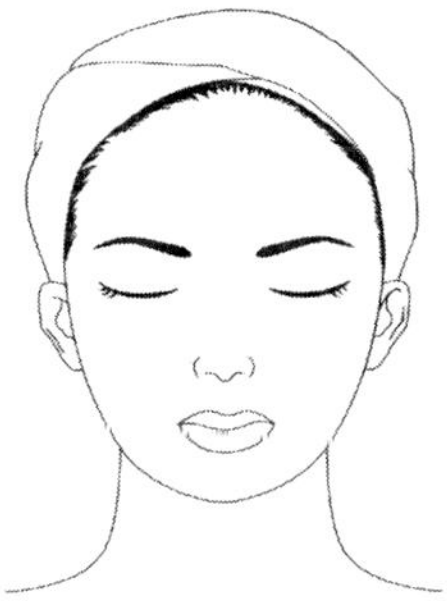		
④ 볼 3등분 바르기	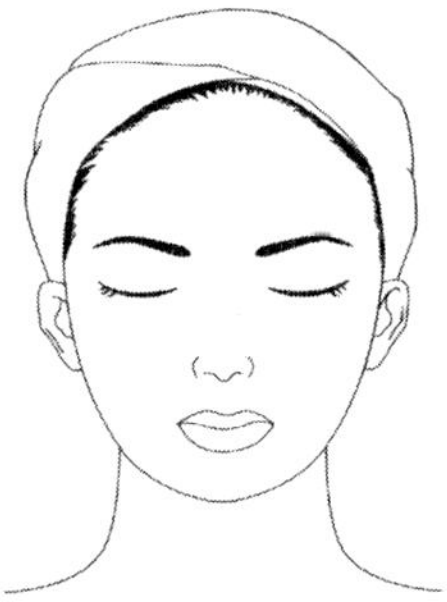		

화장수 동작 순서			
동작이름	테크닉 그리기	동작내용	비고
⑤ 입 주위 바르기	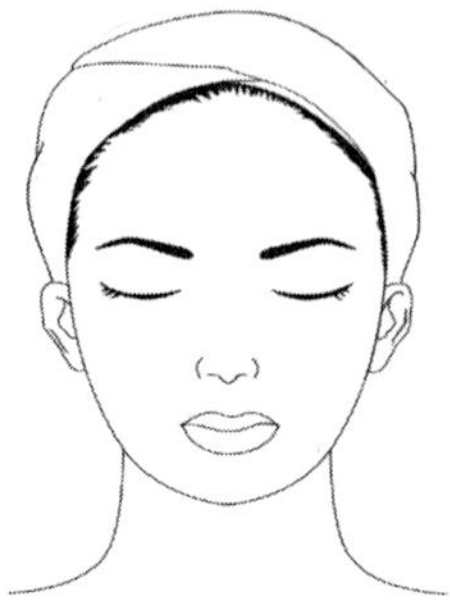		
⑥ 볼 3등분 바르기	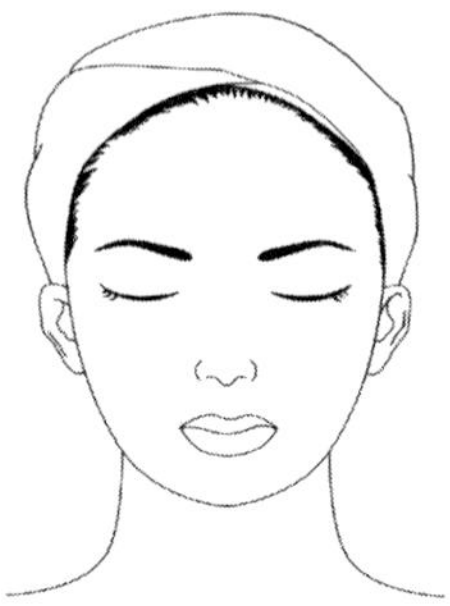		
⑦ 눈 원 그리듯 바르기	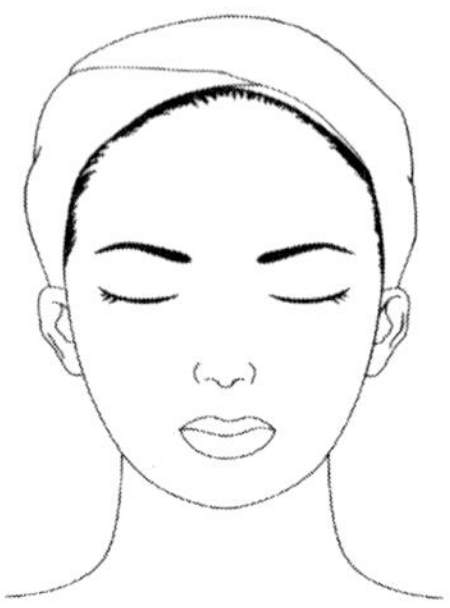		
⑧ 코 바르기	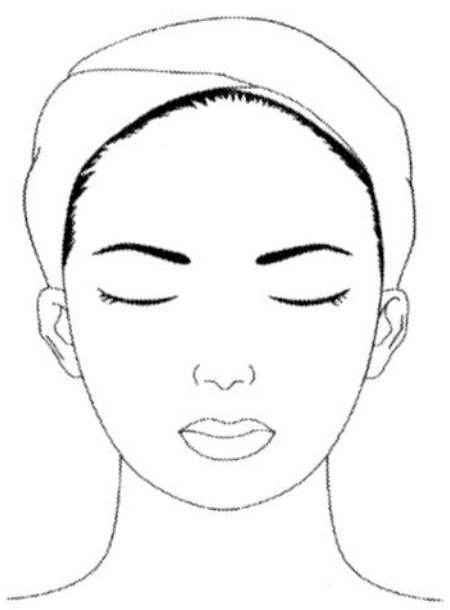		

화장수 동작 순서			
동작이름	테크닉 그리기	동작내용	비고
⑨ 턱밑, 목 세로방향 바르기	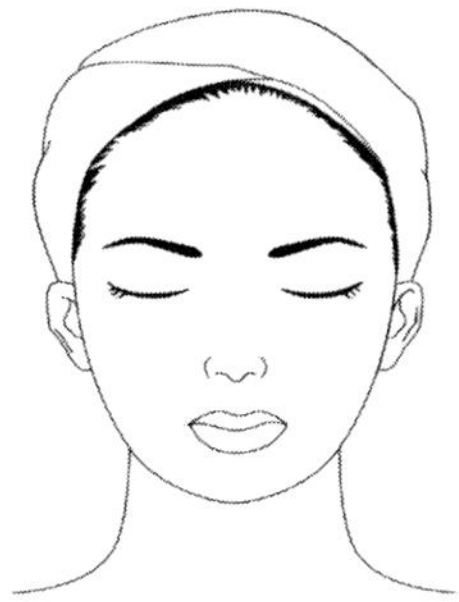		
⑩ 데콜테 바르기, 두드리기	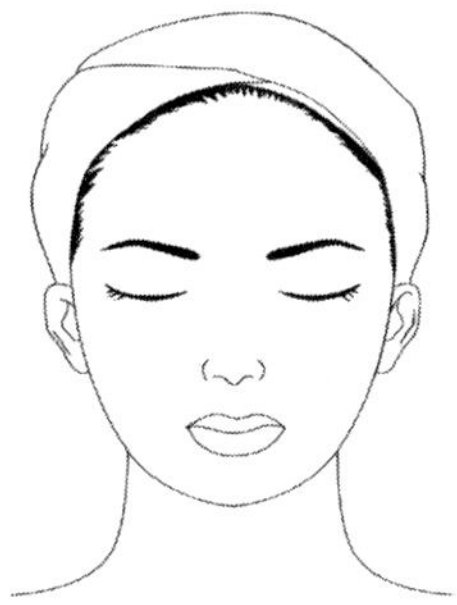		

Chapter

02 눈썹정리 및 수정

1 눈썹 정리 및 수정 관리

① 손과 도구 소독

족집게, 가위, 눈썹 칼, 눈썹 브러시 등을 소독하여 준비하기

② 눈썹 소독

알코올 솜으로 시술할 눈썹부위를 닦기

③ 눈썹의 각도를 체크

우드스틱으로 각도 체크하기

④ 브러시로 눈썹 정돈

눈썹 브러시를 사용하여 눈썹털이 난 방향으로 눈썹 정돈하기

⑤ 눈썹 가위로 자르기

눈썹 브러시를 대고 눈썹을 가위로 자른 후 마른 솜으로 털어내기

⑥ 족집게로 눈썹 뽑기

검지와 중지를 이용하여 텐션을 준 후 털 난 방향으로 잔여 눈썹 뽑기

(젖은 화장솜에 뽑은 눈썹 올려놓기)

⑦ 눈썹 칼로 정리하기

나머지 눈썹 털은 칼을 이용하여 결 반대방향으로 깨끗하게 정리하기

⑧ 진정 젤 바르기

진정 젤을 젖은 화장솜에 적당량 덜어 눈썹 뽑은 부분에 발라 진정하기

⑨ 주변정리

뽑은 눈썹은 검사 후 주변정리하기

눈썹정리 순서			
동작이름	테크닉 그리기	동작내용	비고
① 손과 도구 소독	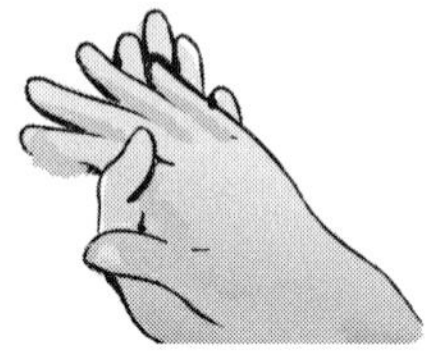		
② 눈썹 소독	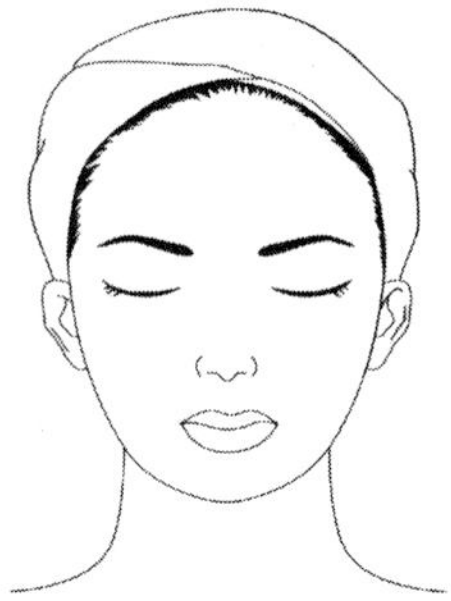		
③ 눈썹의 각도를 체크	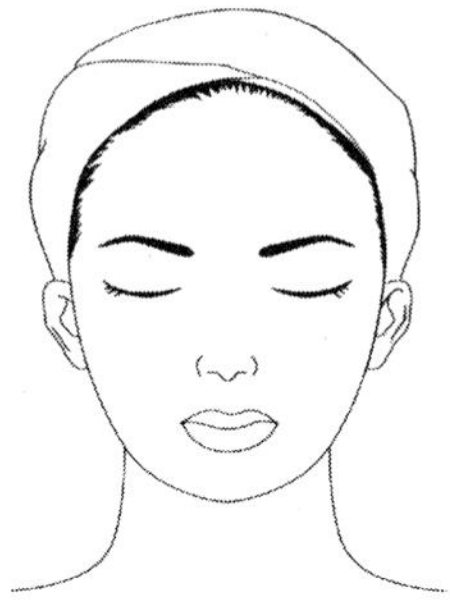		
④ 브러시로 눈썹 정돈	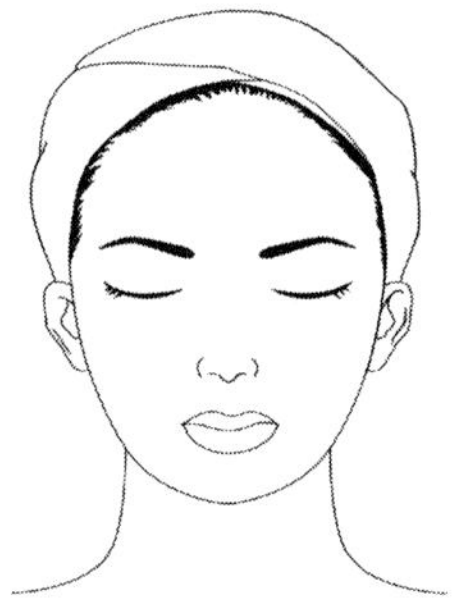		

눈썹정리 순서			
동작이름	테크닉 그리기	동작내용	비고
⑤ 눈썹 가위로 자르기	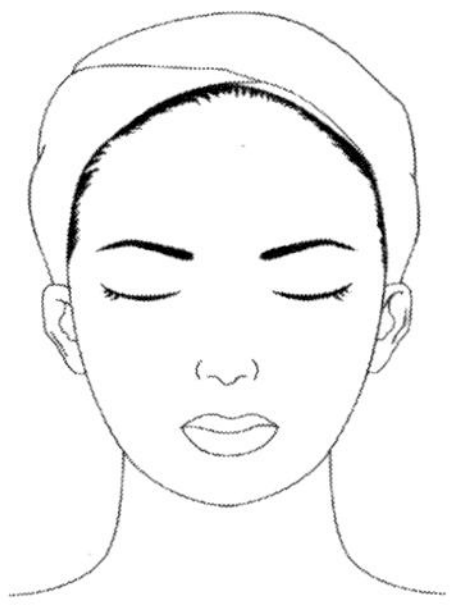		
⑥ 족집게로 눈썹 뽑기	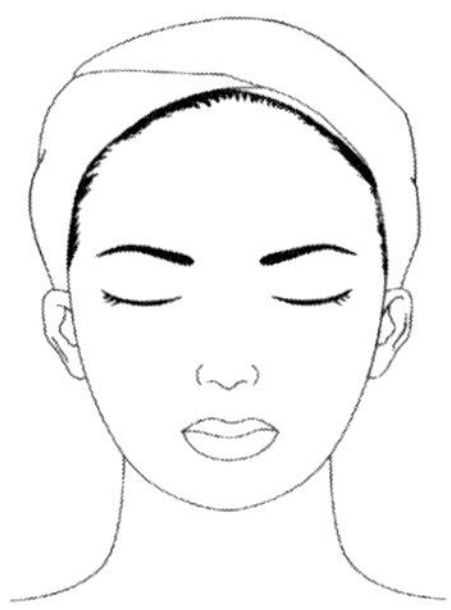		
⑦ 눈썹 칼로 정리하기	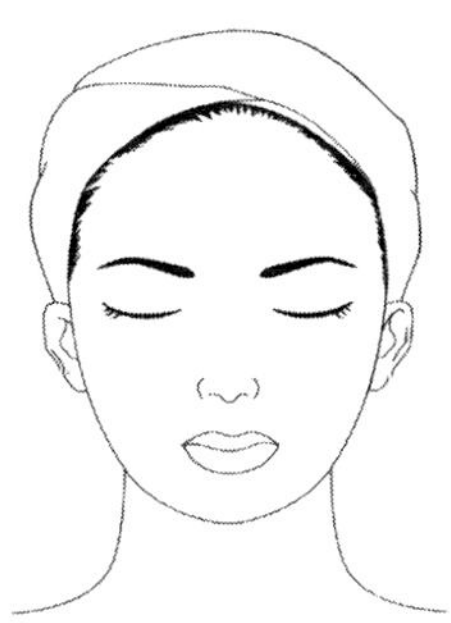		
⑧ 진정 젤 바르기	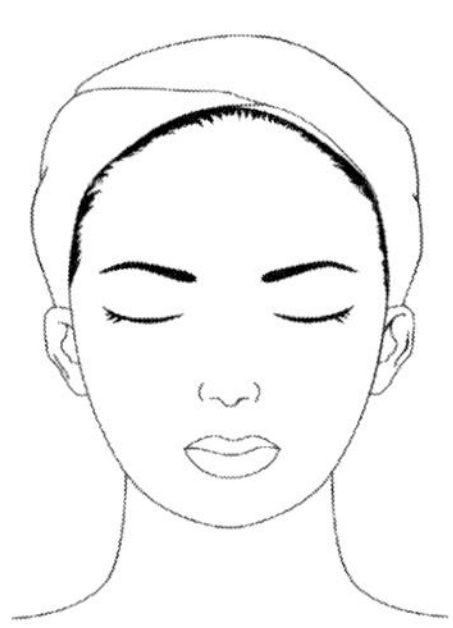		

눈썹정리 순서			
동작이름	테크닉 그리기	동작내용	비고
⑨ 주변정리	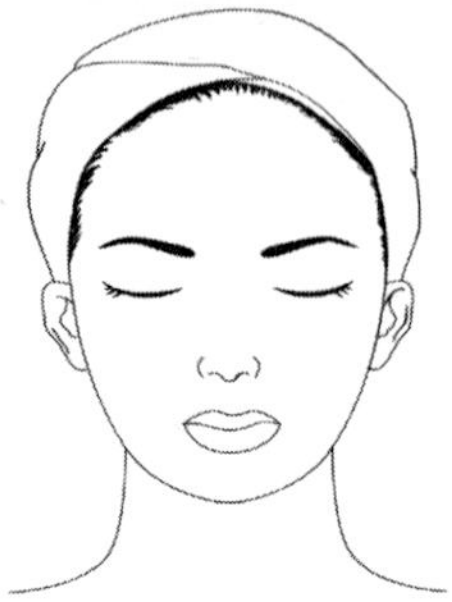		

Chapter 03

딥 클렌징

1 딥 클렌징

1) 스크럽 동작 순서

① 손 소독하기

② 유리볼에 스크럽 적당량 덜기

③ 팩 붓으로 얼굴 전체 도포하기

④ 목과 어깨에 티슈 깔기

⑤ 준비한 유리볼 물로, 손에 묻혀 러빙하기

⑥ 해면으로 닦기

⑦ 티슈 제거하기

⑧ 온습포 하기, 토너 바르기

스크럽 동작 순서			
동작이름	테크닉 그리기	동작내용	비고
① 손 소독하기	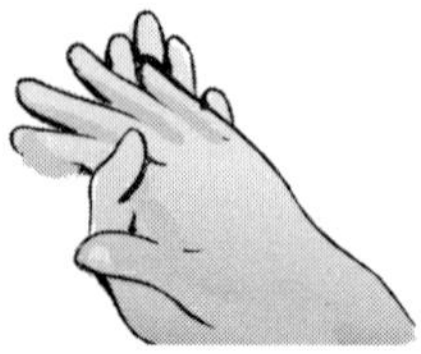		
② 유리볼에 스크럽 적당량 덜기	-		
③ 팩 붓으로 얼굴 전체 도포하기	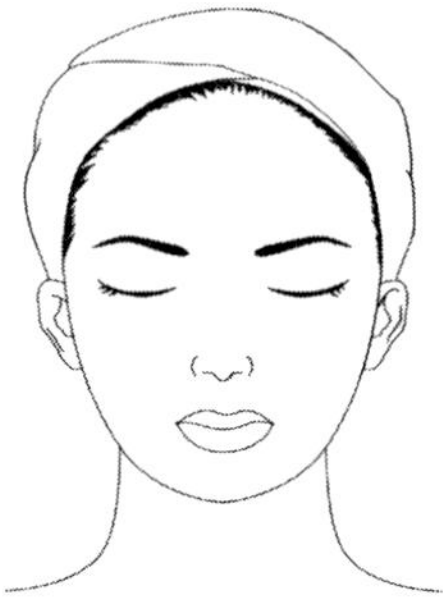		
④ 목과 어깨에 티슈 깔기	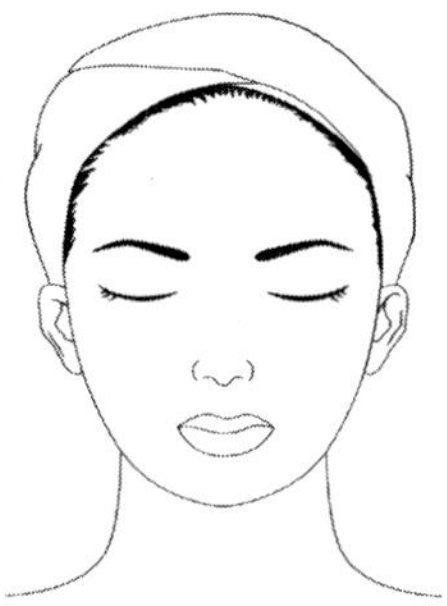		

스크럽 동작 순서			
동작이름	테크닉 그리기	동작내용	비고
⑤ 준비한 유리볼 물로, 손에 묻혀 러빙하기	-		
⑥ 해면으로 닦기	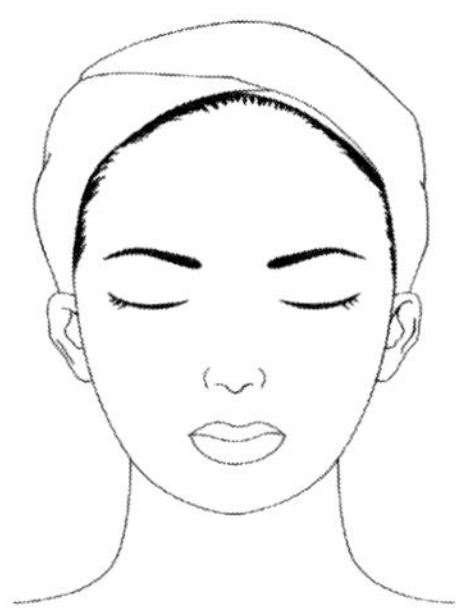		
⑦ 티슈 제거하기	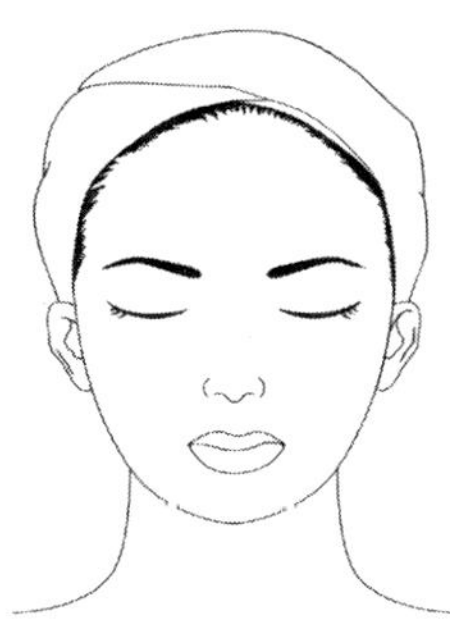		
⑧ 온습포 하기, 토너 바르기	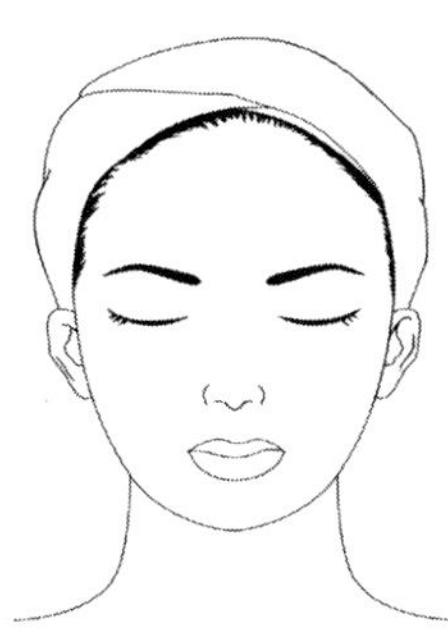		

2) 고마쥐 동작순서

① 손 소독하기

② 터번에 티슈를 끼우고, 귀까지 감싸기

③ 유리볼에 고마쥐 적당량 덜기

④ 팩 붓으로 얼굴 전체 도포하기

⑤ 아이 패드, 립 패드하기

⑥ 목과 어깨에 티슈 깔기

⑦ 자연 방치 후, 아이 & 립 패드 제거하기

⑧ 고마쥐 밀어내기

피부 결 방향으로 한손은 텐션을 주고 다른 한손 3, 4지를 이용하여 밀어내기

⑨ 준비한 유리볼의 물로, 손에 묻혀 러빙하기

⑩ 티슈 제거하기

⑪ 터번 정리하기, 해면으로 닦기

⑫ 온습포 하기, 토너 바르기

고마쥐 동작 순서			
동작이름	테크닉 그리기	동작내용	비고
① 손 소독하기	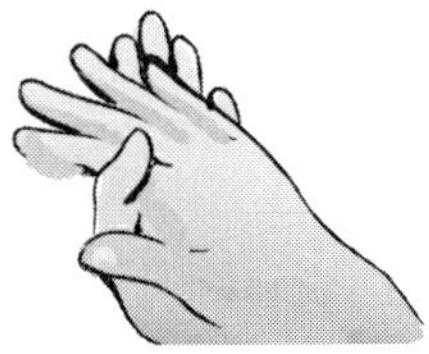		
② 터번에 티슈를 끼우고, 귀까지 감싸기	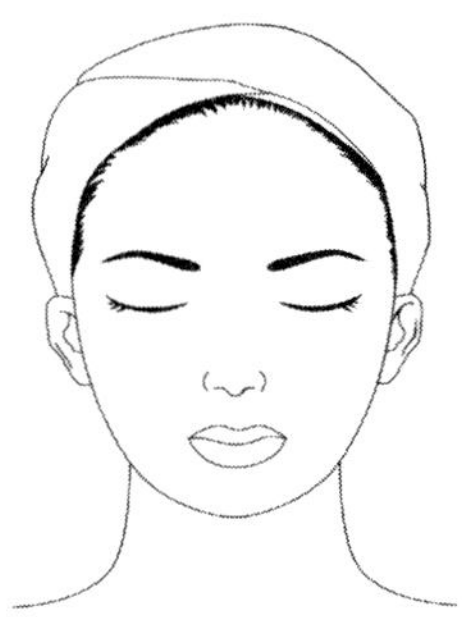		
③ 유리볼에 고마쥐 적당량 덜기	-		
④ 팩 붓으로 얼굴 전체 도포하기	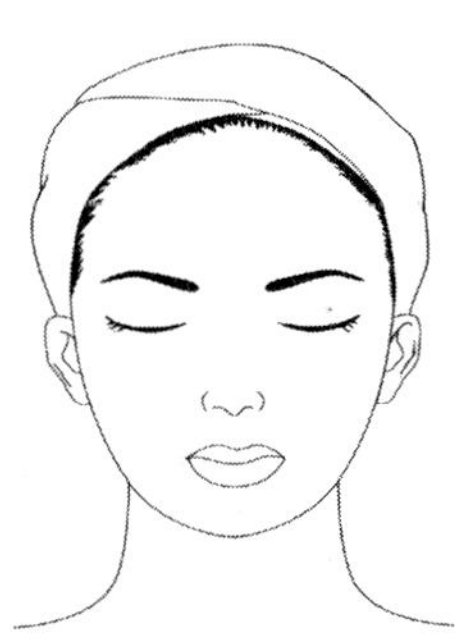		

고마쥐 동작 순서			
동작이름	테크닉 그리기	동작내용	비고
⑤ 아이 패드, 립 패드하기	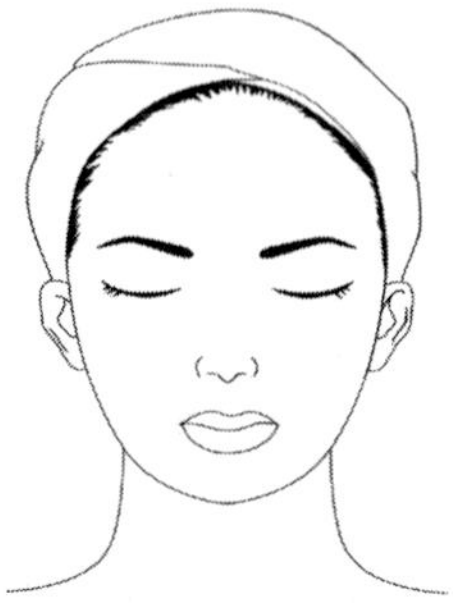		
⑥ 목과 어깨에 티슈 깔기	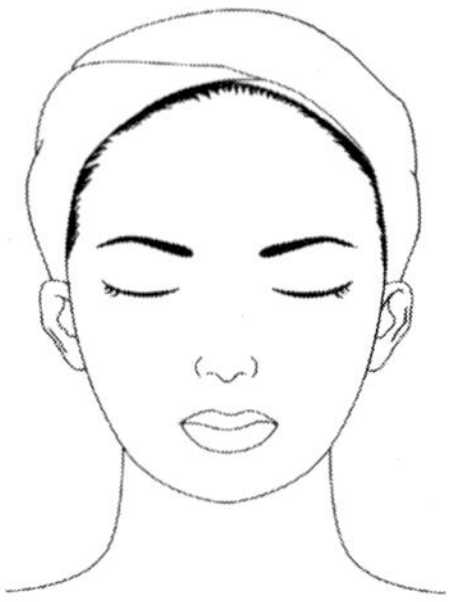		
⑦ 자연 방치 후, 아이 & 립 패드 제거하기	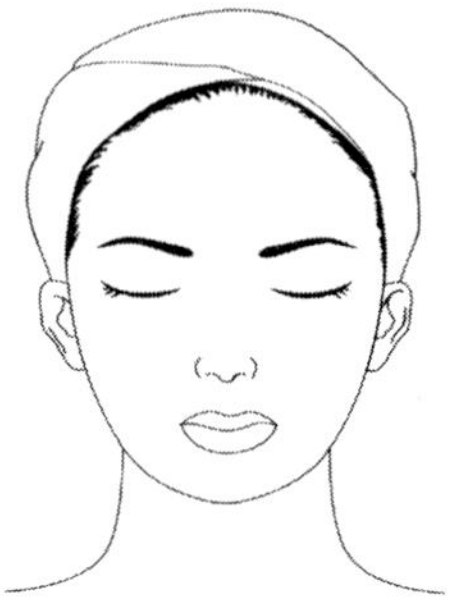		
⑧ 고마쥐 밀어내기 한 손은 텐션을 주고 다른 한 손은 3, 4지를 이용하여 피부결 방향으로 밀어내기	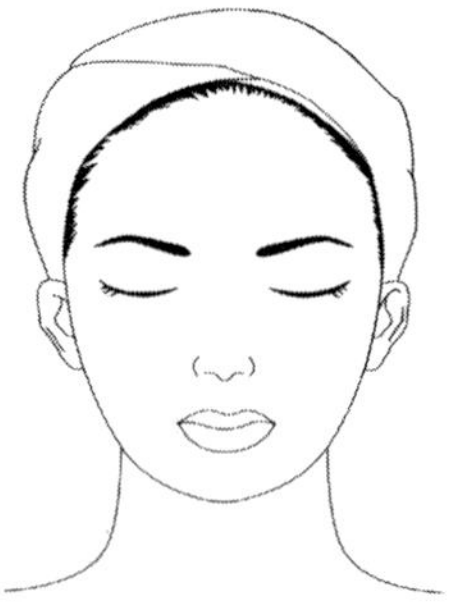		

고마쥐 동작 순서			
동작이름	테크닉 그리기	동작내용	비고
⑨ 준비한 유리볼의 물로, 손에 묻혀 러빙하기	-		
⑩ 티슈 제거하기	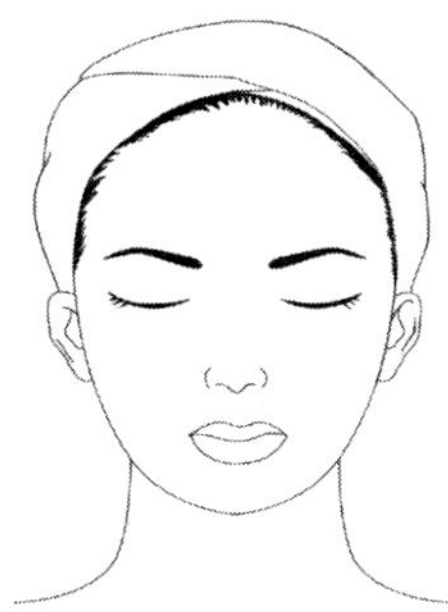		
⑪ 터번 정리하기	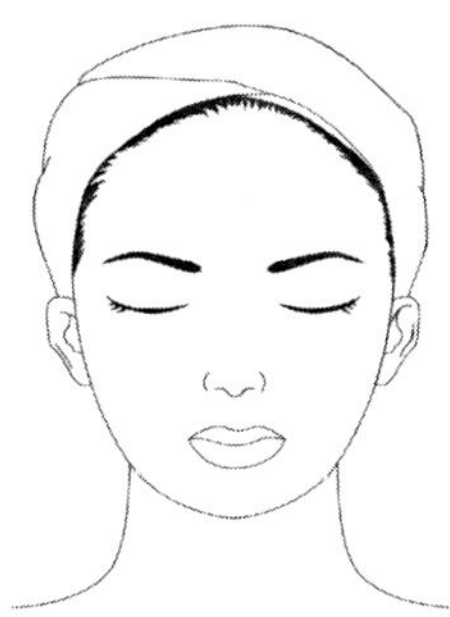		
⑫ 해면으로 닦기	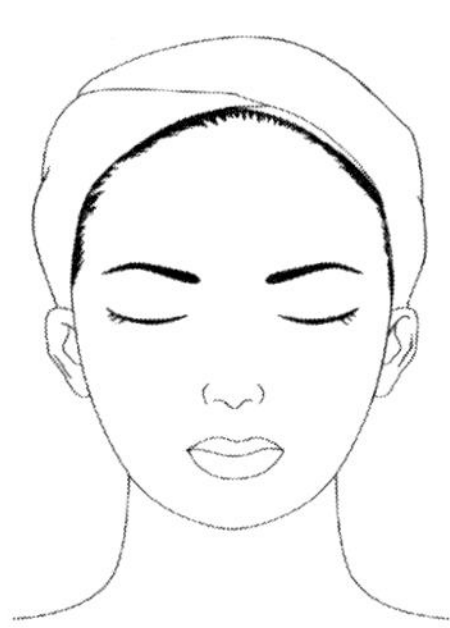		

3) 효소 동작 순서

① 손 소독하기

② 효소파우더+정제수 혼합하기

③ 팩 붓으로 도포하기

④ 아이 패드, 립 패드하기

⑤ 온습포 올려두기

적정시간 후 온습포 제거하기

⑥ 해면으로 닦기

⑦ 온습포로 닦기

⑧ 토너 바르기

효소 동작 순서			
동작이름	테크닉 그리기	동작내용	비고
① 손 소독하기	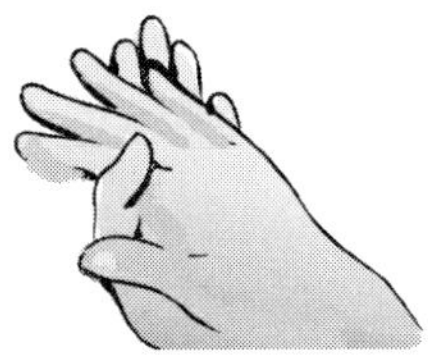		
② 효소파우더+ 정제수 혼합하기	–		
③ 팩 붓으로 도포 하기	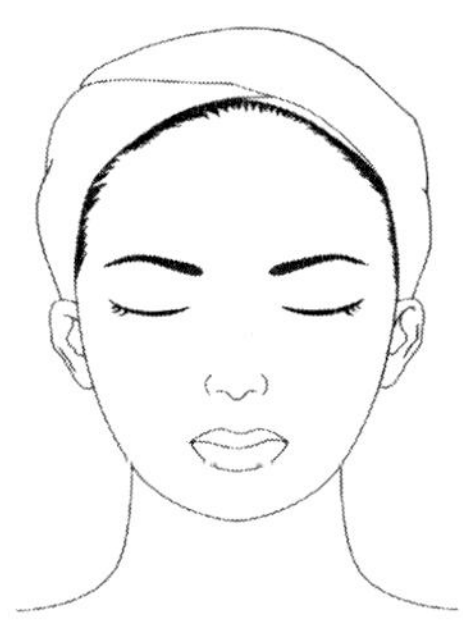		
④ 아이 패드, 립 패드 하기	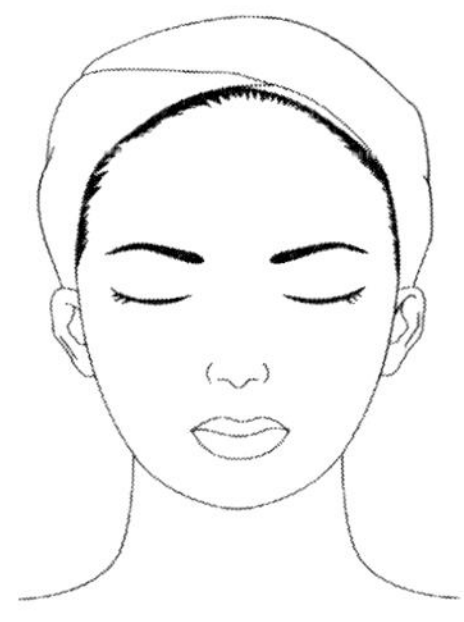		

효소 동작 순서			
동작이름	테크닉 그리기	동작내용	비고
⑤ 온습포 올려두기 적정 시간 후 온습포 제거하기	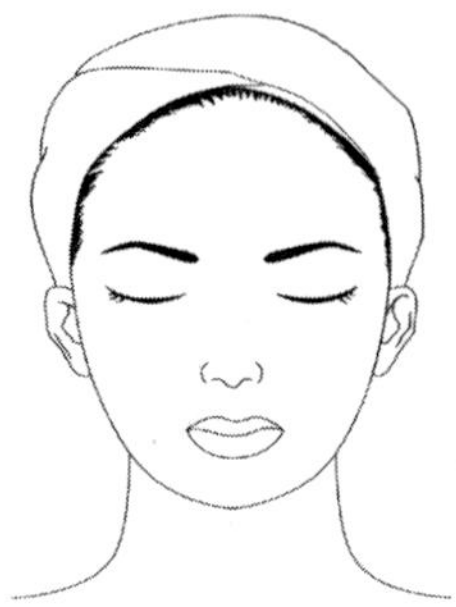		
⑥ 해면으로 닦기	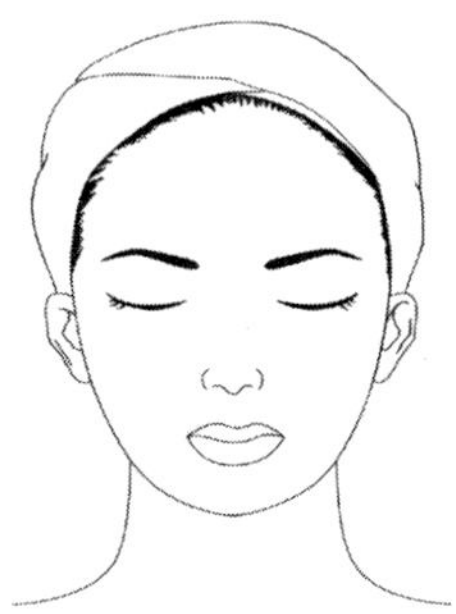		
⑦ 온습포로 닦기	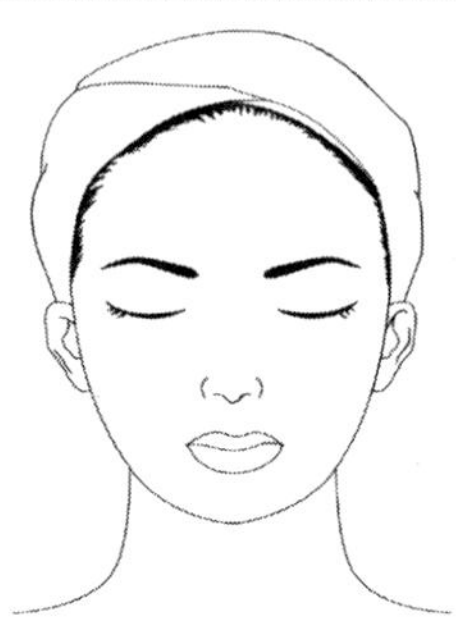		
⑧ 토너 바르기	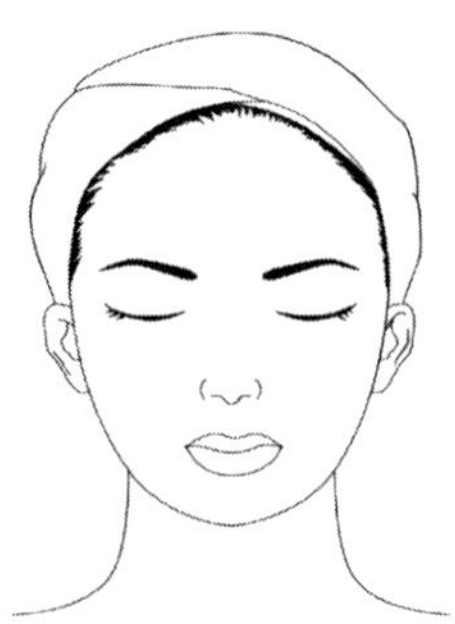		

4) A.H.A 동작 순서

① 손 소독하기

② A.H.A 유리볼에 적당량 덜기

③ 아이패드, 립 패드하기

④ 팩 붓이나 얼굴용 면봉으로 얼굴 도포하기

- 예민한 볼 부위를 마지막에 도포
- 한번 도포한 곳은 덧바르지 않기

⑤ 적정시간 방치 후, 아이 & 립 패드 제거하기

⑥ 해면으로 닦기

⑦ 냉습포로 닦기

⑧ 토너 바르기

A.H.A 동작 순서

동작이름	테크닉 그리기	동작내용	비고
① 손 소독하기	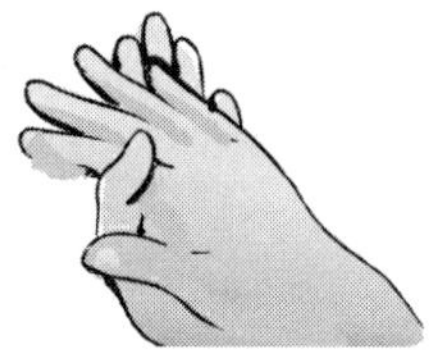		
② A.H.A 유리볼에 적당량 덜기	–		
③ 아이 패드, 립 패드하기	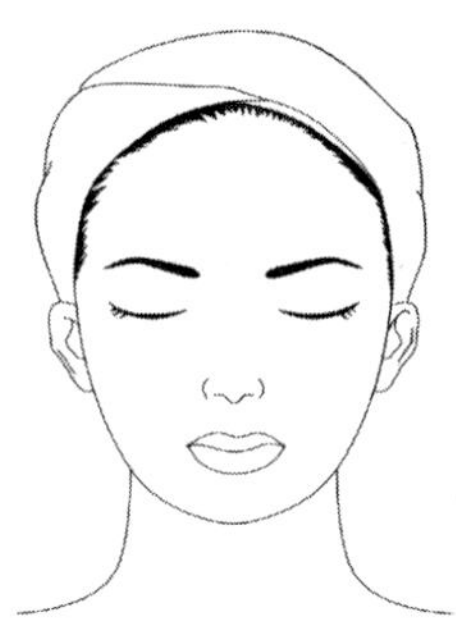		
④ 팩 붓이나 얼굴용 면봉으로 얼굴 도포하기 • 예민한 볼 부위를 마지막에 도포 • 한번 도포한 곳은 덧바르지 않기	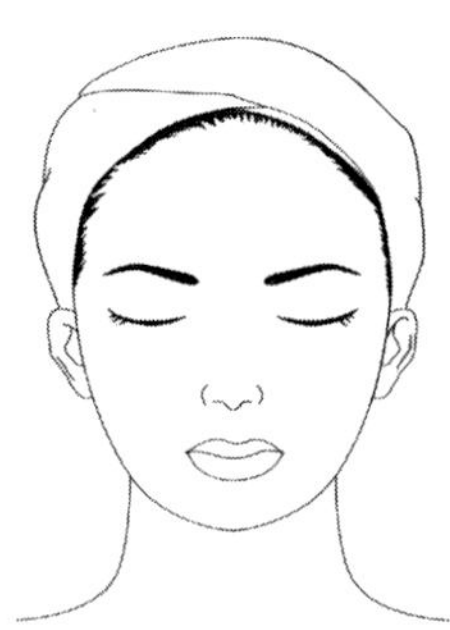		

A.H.A 동작 순서			
동작이름	테크닉 그리기	동작내용	비고
⑤ 적정시간 방치 후, 아이 & 립 패드 제거하기	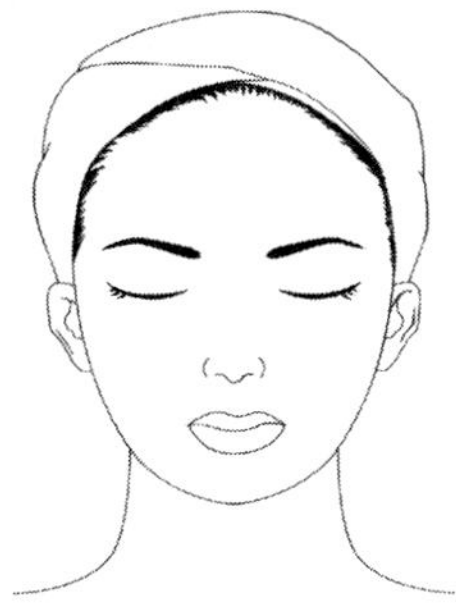		
⑥ 해면으로 닦기	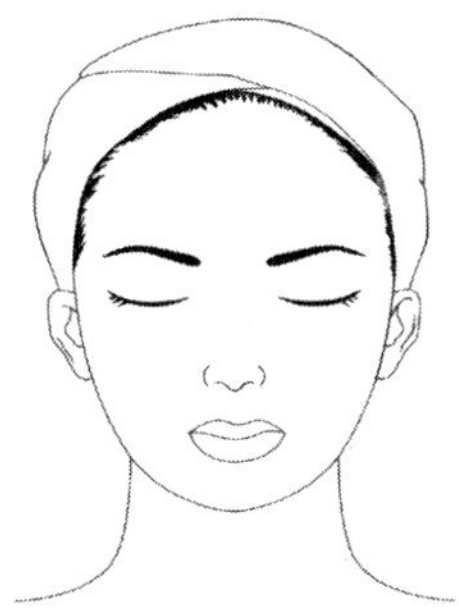		
⑦ 냉습포로 닦기	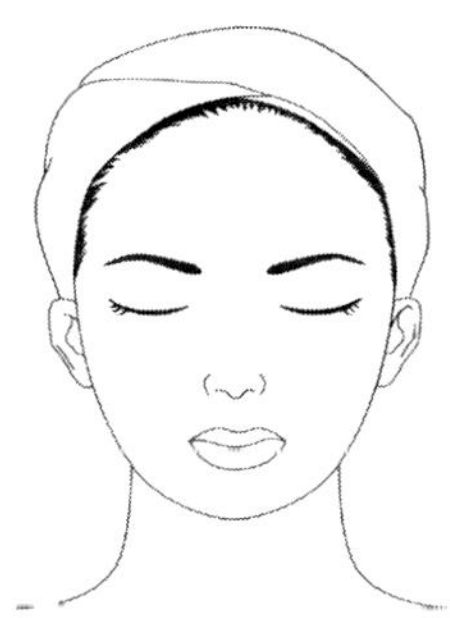		
⑧ 토너 바르기	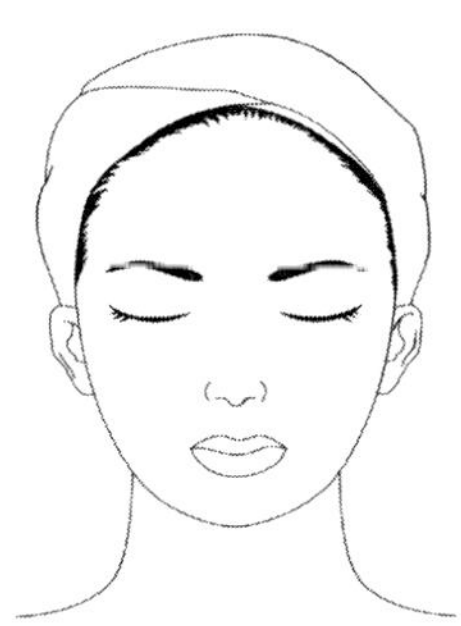		

*TIP

· 물리적 효과 딥 클렌징: 스크럽, 고마쥐

· 화학적 효과 딥 클렌징: 효소, A.H.A

Chapter

04 매뉴얼 테크닉(안면마사지)

1 매뉴얼 테크닉

1) 도포 동작 순서

① 손 소독하기

손을 소독한 후에 마사지 크림을 유리볼에 적당량을 덜어 놓기

② 마사지 크림을 얼굴에 올리기

손바닥에 크림을 조금 덜어 비벼준 후 이마, 볼, 코, 턱, 목, 데콜테에 마사지 크림을 올리기

③ 데콜테 교대로 쓰다듬기

양 손바닥을 번갈아 이용하여 데콜테를 가로방향으로 도포하기(4회)

④ 목 교대로 쓸어 올리기

양 손바닥을 번갈아 이용하여 목을 가로방향으로 도포하기(4회)

⑤ 턱 교대로 쓰다듬기

양 손바닥을 번갈아 이용하여 턱에서 귀 방향으로 도포하기(4회)

⑥ 볼 원 그리기

양 손바닥을 동시에 이용하여 볼은 원을 그리듯이 도포하기(4회)

⑦ 코 등 쓰다듬기

양 손가락을 번갈아 이용하여 코를 쓸어 올리듯이 도포하기(4회)

⑧ 이마 교대로 쓰다듬기

양 손바닥을 번갈아 이용하여 이마를 가로방향으로 도포하기(4회)

⑨ 입, 코, 눈 주위 문지르기

얼굴 옆선타고 내려와 입 주위, 코 주위, 눈 주위를 문지르기(4회)

⑩ 도포 마무리하기

이마, 관자놀이를 지나서 턱 감싸며 귀에서 마무리한다.(1회)

도포 동작 순서			
동작이름	테크닉 그리기	동작내용	비고
① 손 소독하기	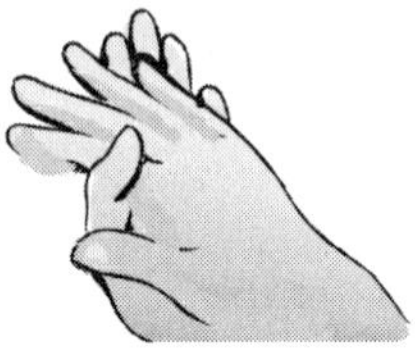		
② 마사지 크림 얼굴에 올리기	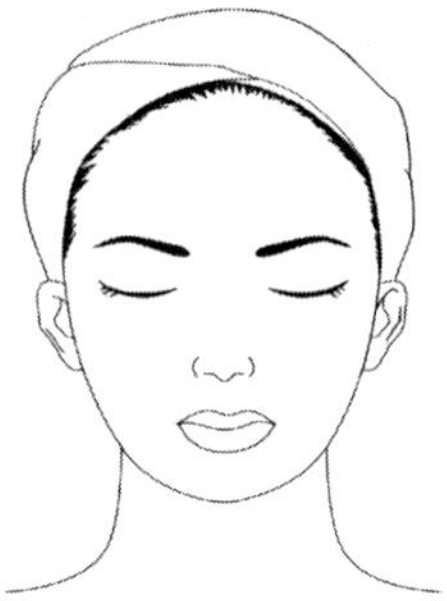		
③ 데콜테 교대로 쓰다듬기	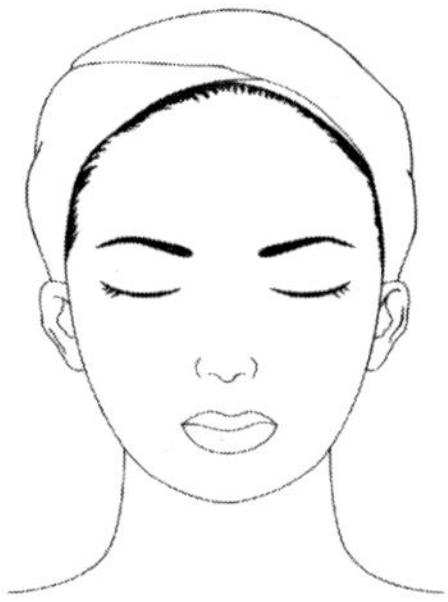		

도포 동작 순서			
동작이름	테크닉 그리기	동작내용	비고
④ 목 교대로 쓸어 올리기	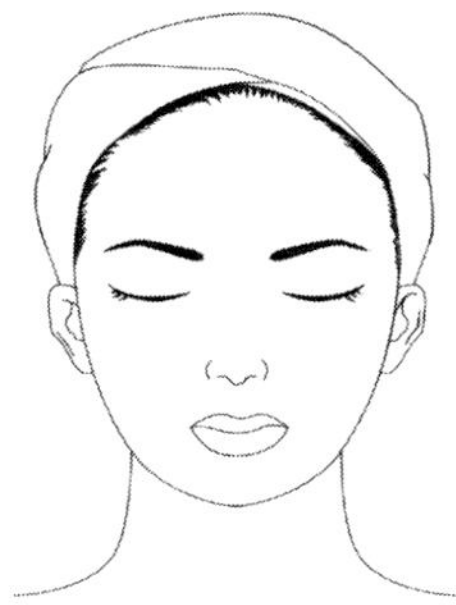		
⑤ 턱 교대로 쓰다듬기	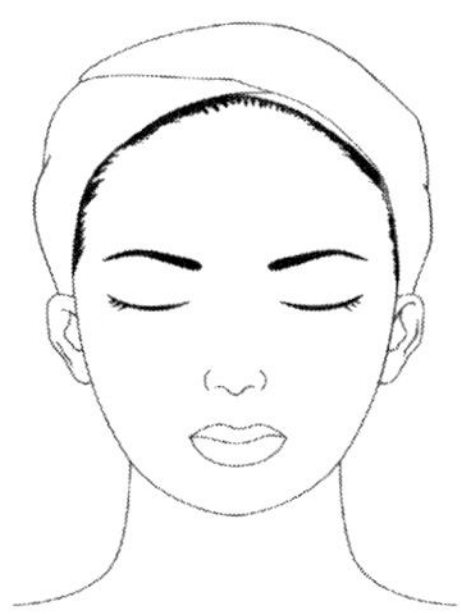		
⑥ 볼 원 그리기	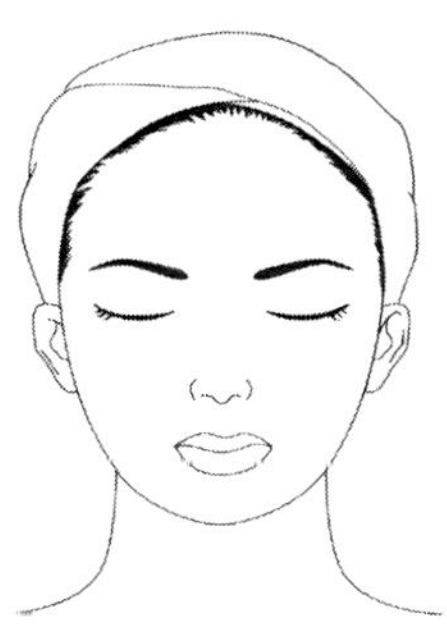		
⑦ 콧등 쓰다듬기	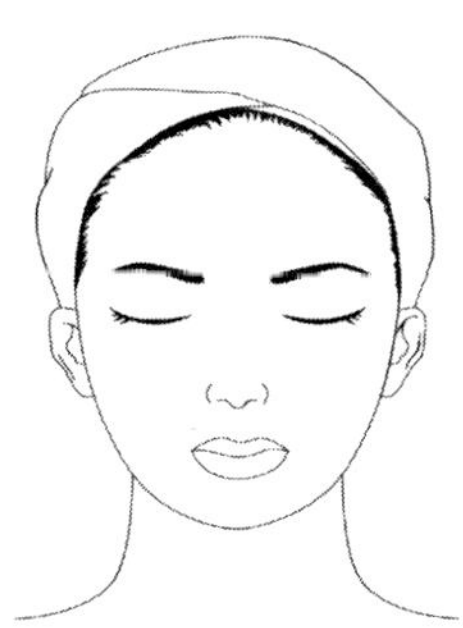		

도포 동작 순서			
동작이름	테크닉 그리기	동작내용	비고
⑧ 이마 교대로 쓰다듬기	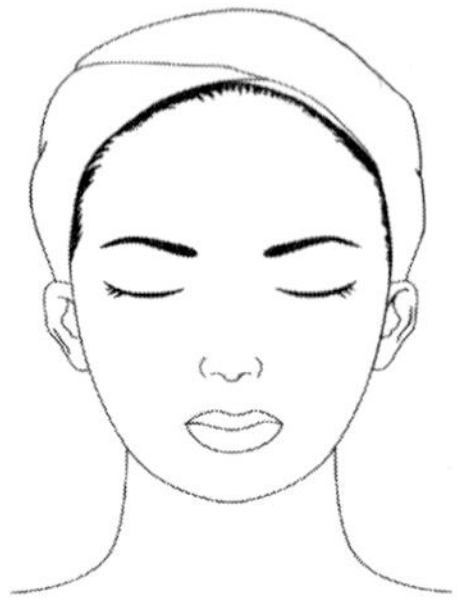		
⑨ 입, 코, 눈 주위 문지르기	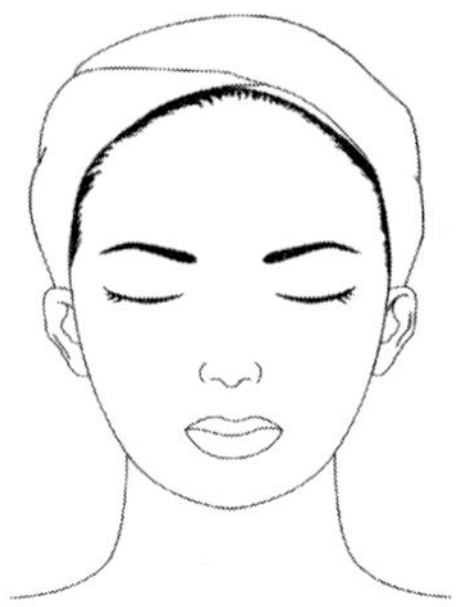		
⑩ 도포 마무리하기	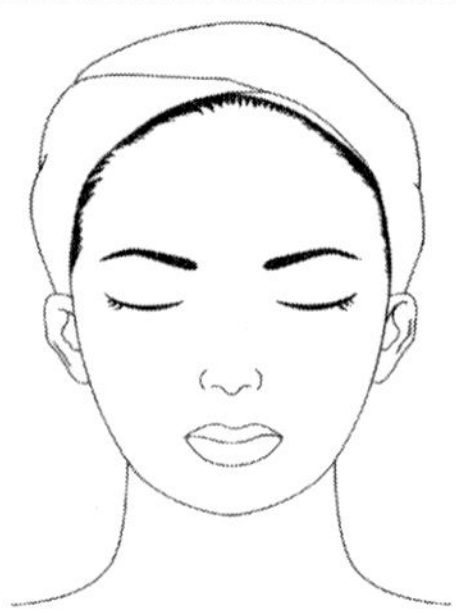		

2) 매뉴얼 테크닉 순서

*기본 3회 동작 반복하기

(1) 데콜테

① 양 손을 동시에 쓰다듬기

가슴 중앙에 양손을 붙이고 천천히 액와를 지나서 어깨 돌아 풍지 지압하기

② 교대로 쓰다듬기

양 손을 교대로 데콜테 쓰다듬기 한 후 풍지 지압하기

③ 물결모양 마찰하기

양 손 교대로 물결모양으로 마찰하기

④ 나선형 문지르기

양 손 교대로 나선형으로 문지르기

⑤ 대흉근 반죽하기

양 손으로 오른쪽, 왼쪽 대흉근 반죽하기

⑥ 승모근 반죽하기

양 손 엄지와 검지 사이에 승모근을 잡고 반죽하기

⑦ 측경부 문지르기

주먹을 가볍게 쥐고 목 측면 나선형으로 문지르기 한 후, 위 아래로 쓰다듬기

⑧ 양 손을 동시에 쓰다듬기

가슴 중앙에 양손을 붙이고 천천히 액와 지나서 어깨 돌아 풍지 지압하기

데콜테 테크닉 순서			
동작이름	테크닉 그리기	동작내용	비고
① 양 손을 동시에 쓰다듬기			
② 교대로 쓰다듬기	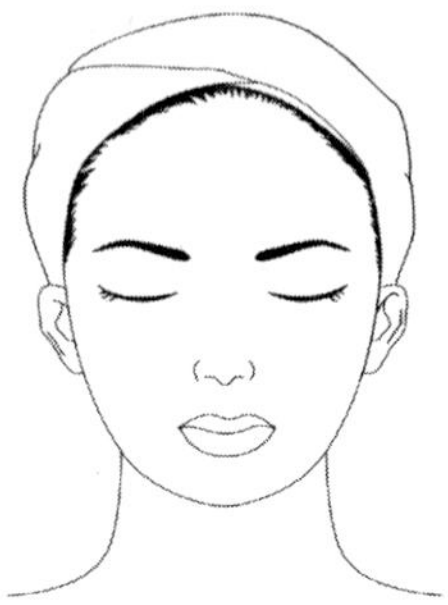		
③ 물결모양 마찰하기	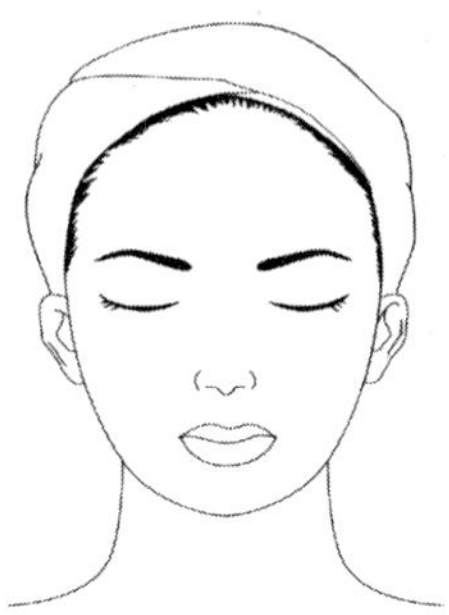		
④ 나선형 문지르기	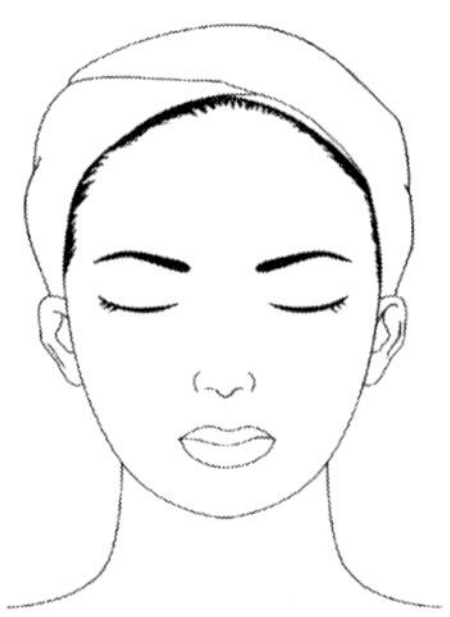		

데콜테 테크닉 순서			
동작이름	테크닉 그리기	동작내용	비고
⑤ 대흉근 반죽하기	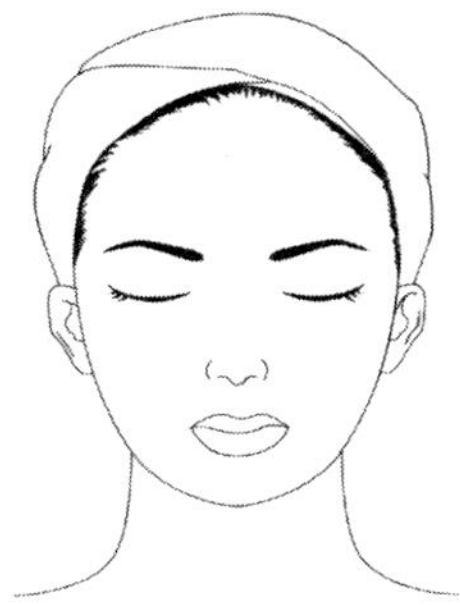		
⑥ 승모근 반죽하기	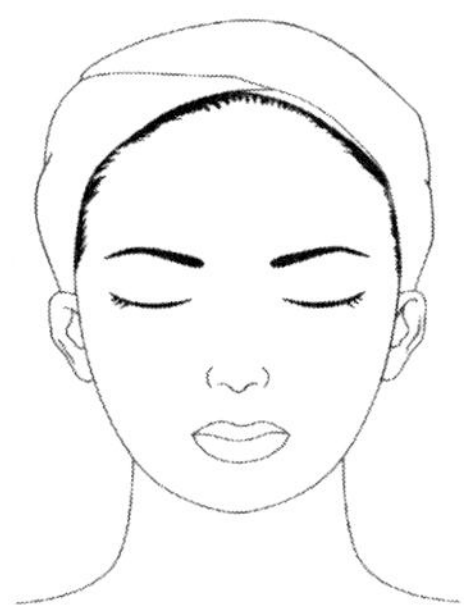		
⑦ 측경부 문지르기	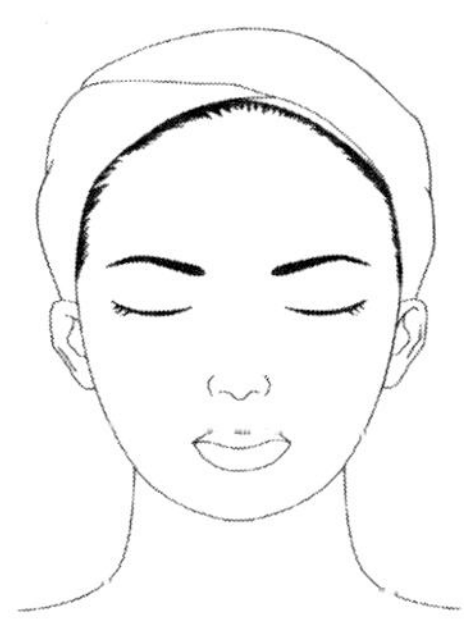		
⑧ 양 손을 동시에 쓰다듬기	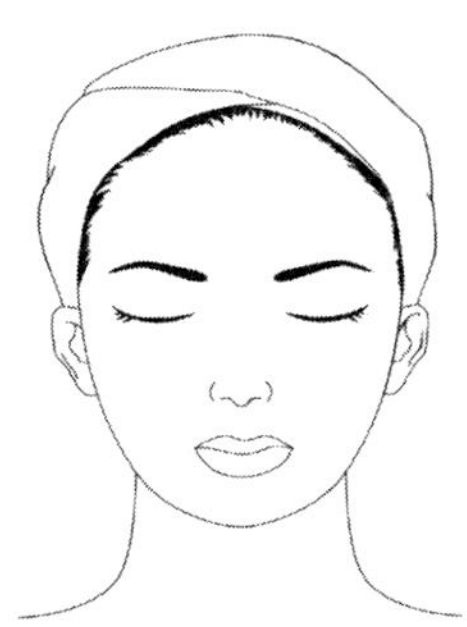		

(2) 목

① 턱 감싸서 목 타원형으로 쓰다듬기

양 손 교대로 귀 밑에서 시작해서 목 중앙을 감싸며 쓰다듬기

② 목 가로방향 쓰다듬기

양 손 교대로 밀착하여 쓰다듬기

③ 목 세로방향 쓰다듬기

오른쪽에서 왼쪽으로 다시 중앙까지 세로방향 쓰다듬기

④ 목 3등분 나선형 문지르기

양 손 동시에 목 3등분하여 나선형으로 문지르기

목 테크닉 순서			
동작이름	테크닉 그리기	동작내용	비고
① 턱 감싸서 목 타원형으로 쓰다듬기	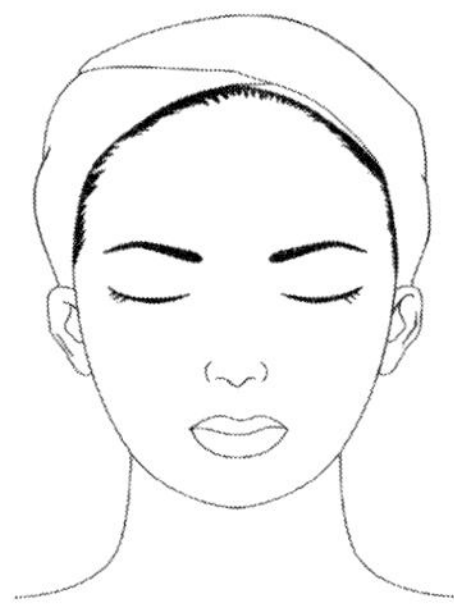		
② 목 가로방향 쓰다듬기	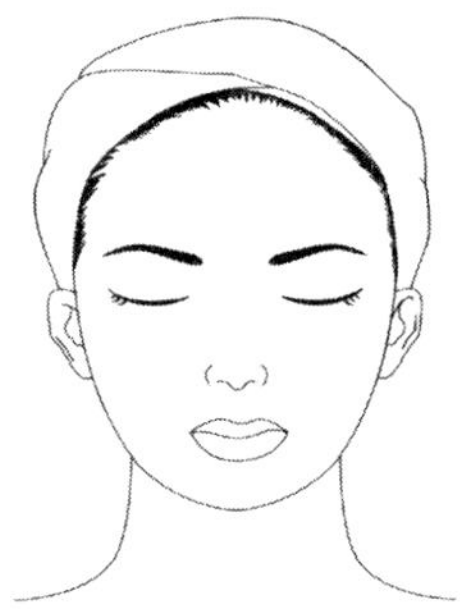		
③ 목 세로방향 쓰다듬기	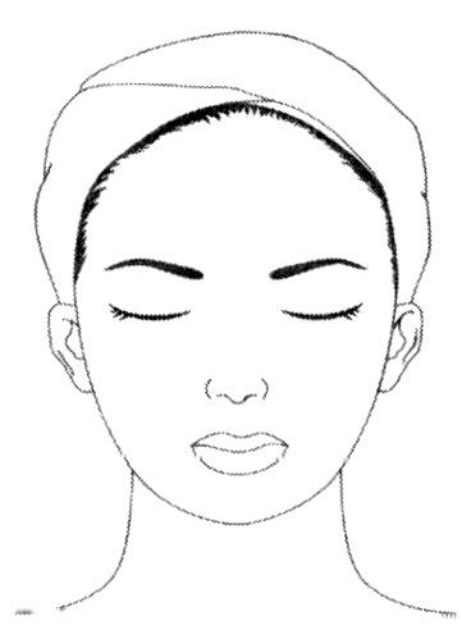		
④ 목 3등분 나선형 문지르기	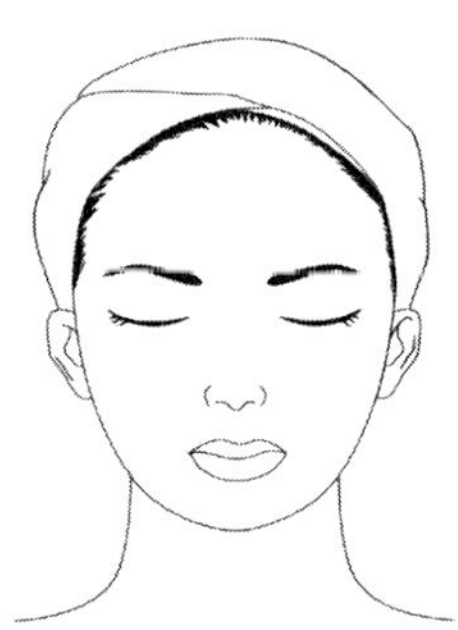		

(3) 턱

① 턱선 쓰다듬기

2, 3지를 턱선에 끼우고 교대로 귀 밑 방향으로 쓰다듬기

② 턱선 문지르기

턱선 중앙에서 나선형을 그리며 귀 밑 방향으로 문지르기

③ 턱 부위 반죽하기

턱선 중앙에서 엄지손가락을 이용하여 반죽하기

④ 양 손 교대로 턱선 쓰다듬기

턱선 중앙에서 귀밑 방향으로 교대로 쓰다듬기

턱 테크닉 순서			
동작이름	테크닉 그리기	동작내용	비고
① 턱선 쓰다듬기	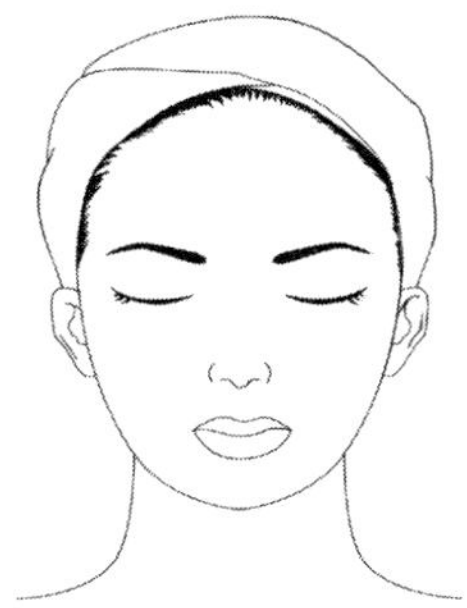		
② 턱선 문지르기	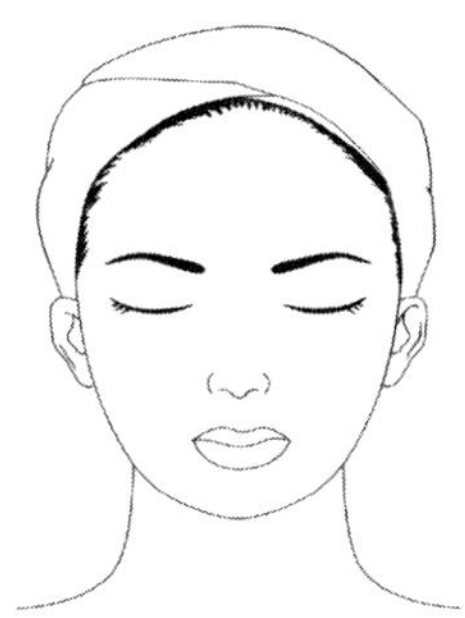		
③ 턱 부위 반죽하기	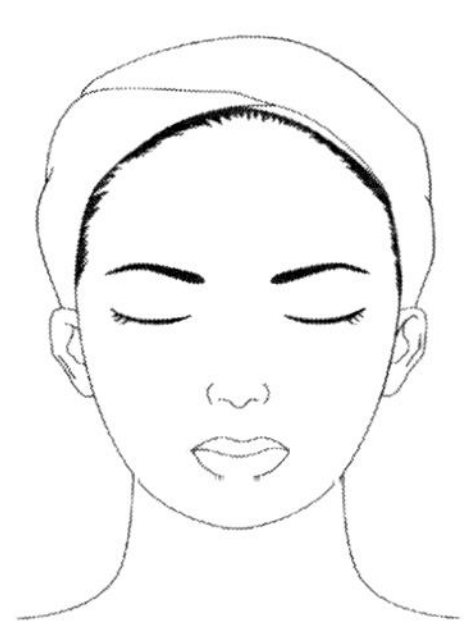		
④ 양 손 교대로 턱선 쓰다듬기			

(4) 입술

① 입 주위 반원 그리기

2,3,4지는 턱선에 고정 후 엄지로 입 주위 반원 그리며 문지르기

② 입 주위 나선형 그리기

2,3,4지는 턱선에 고정 후 엄지로 입 주위 나선형 그리며 문지르기

③ 입 꼬리 8자 그리기

양 엄지 깍지 끼고 3, 4지로 입꼬리 8자 그리기

④ 입 주위 쓰다듬기

2지(인중), 3지(승장) 벌려 양손 교대로 쓰다듬기

입술 테크닉 순서			
동작이름	테크닉 그리기	동작내용	비고
① 입 주위 반원 그리기	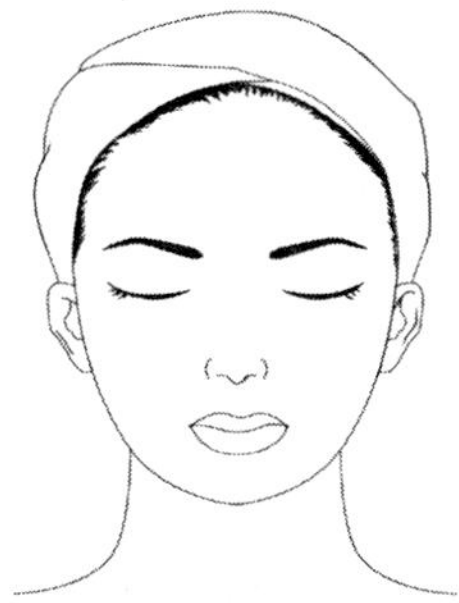		
② 입 주위 나선형 그리기	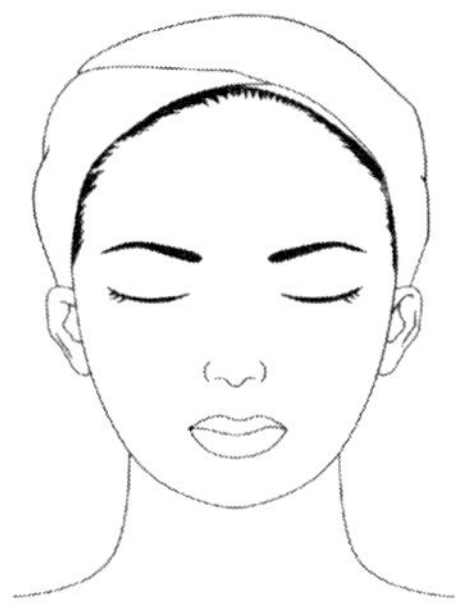		
③ 입 꼬리 8자 그리기	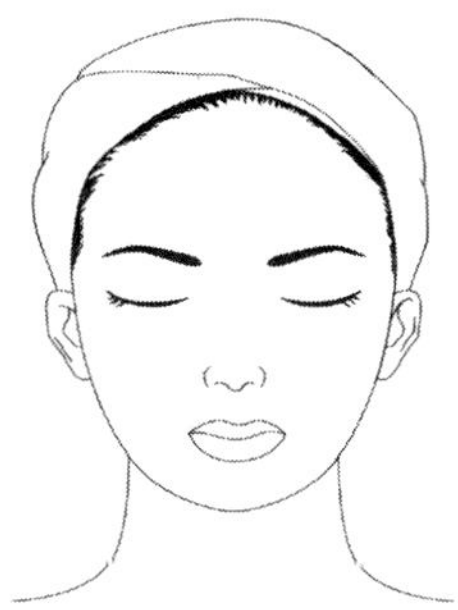		
④ 입 주위 쓰다듬기	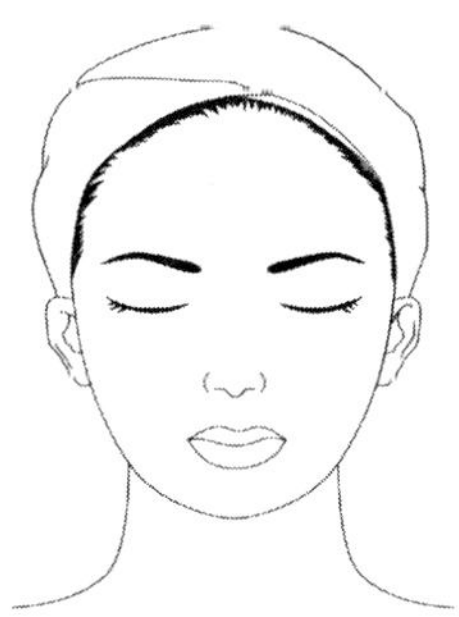		

(5) 팔자주름

① 팔자주름 부위 쓸어 올리기

양 엄지 깍지 끼고 3, 4지로 입꼬리에서 콧망울까지 쓸어 올리기

② 팔자주름 부위 나선형 문지르기

양 엄지 깍지 끼고 3, 4지로 입꼬리에서 콧망울까지 나선형 문지르기

팔자주름 테크닉 순서			
동작이름	테크닉 그리기	동작내용	비고
① 팔자주름 부위 쓸어 올리기	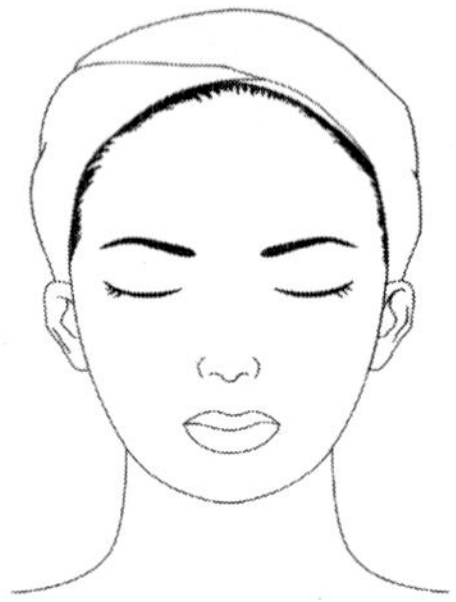		
② 팔자주름 부위 나선형 문지르기	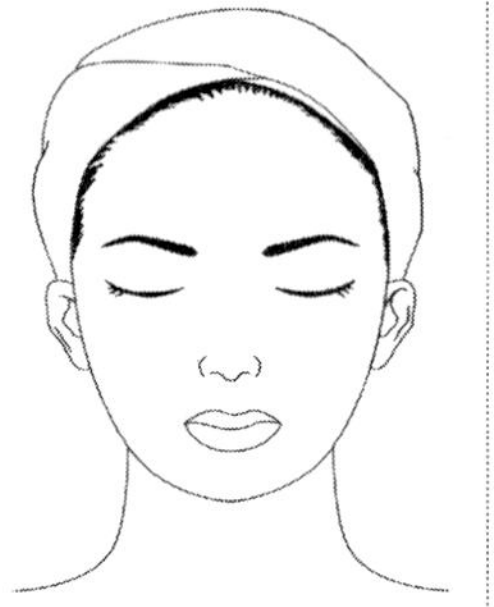		

(6) 볼

① 볼 전체 문지르기

양 손바닥 동시에 큰 원을 그리며 문지르기

② 볼 3등분 나선형 문지르기

양 손 3, 4지로 볼 3등분(턱 - 귀밑, 입 꼬리 - 귀 중앙, 코 옆 - 관자) 나선형 문지르기

③ 볼 진동하기

양 손가락 동시에 볼 진동하기 한 후, 한손씩 번갈아 교대로 진동하기

④ 볼 3등분 쓸어주기

양 손 교대로 오른쪽 볼, 왼쪽 볼 3등분(턱 - 귀 밑, 입꼬리 - 귀 중앙, 코 옆 -관자)쓸어 올리기

⑤ 볼 3등분 집어주기

양 손 1, 3지로 볼 3등분 집어주기

⑥ 볼 3등분 두드리기

양 손가락으로 피아노치듯 두드리기

볼 테크닉 순서			
동작이름	테크닉 그리기	동작내용	비고
① 볼 전체 문지르기	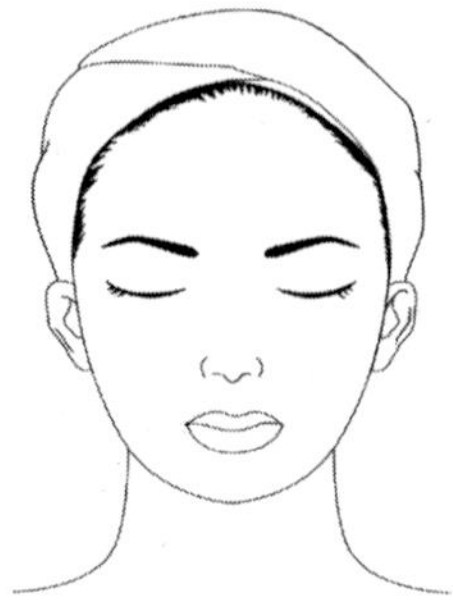		
② 볼 3등분 나선형 문지르기	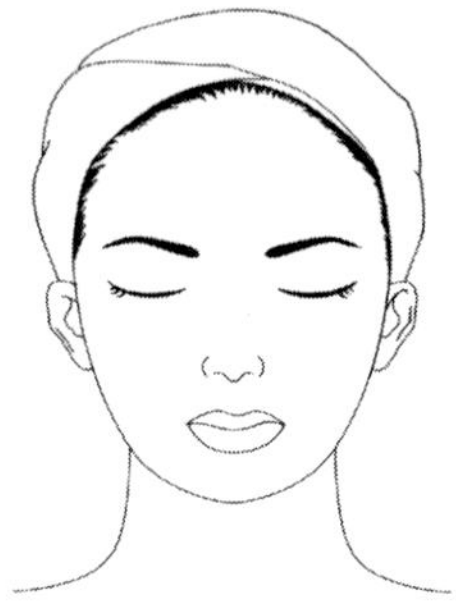		
③ 볼 진동하기	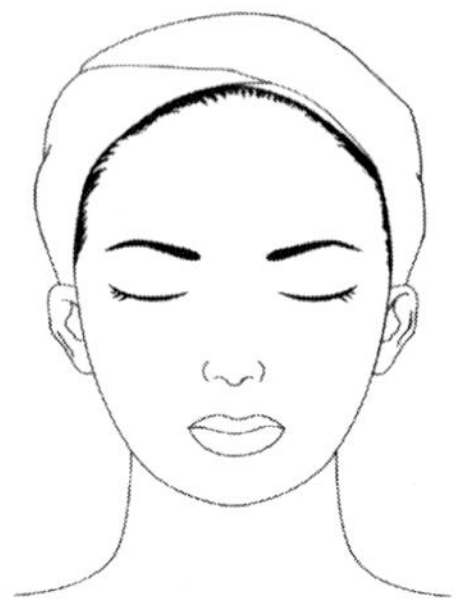		
④ 볼 3등분 쓸어주기	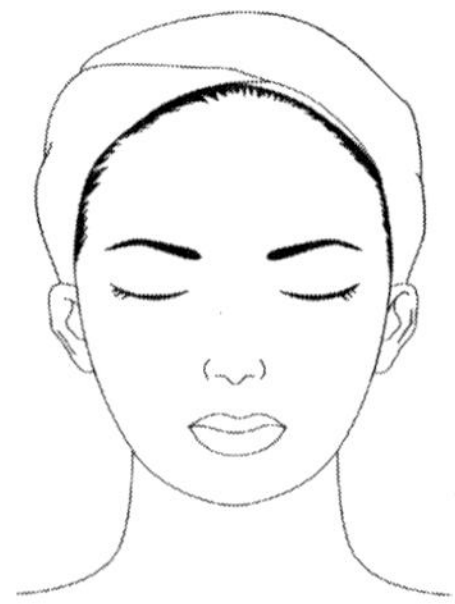		

볼 테크닉 순서			
동작이름	테크닉 그리기	동작내용	비고
⑤ 볼 3등분 집어주기	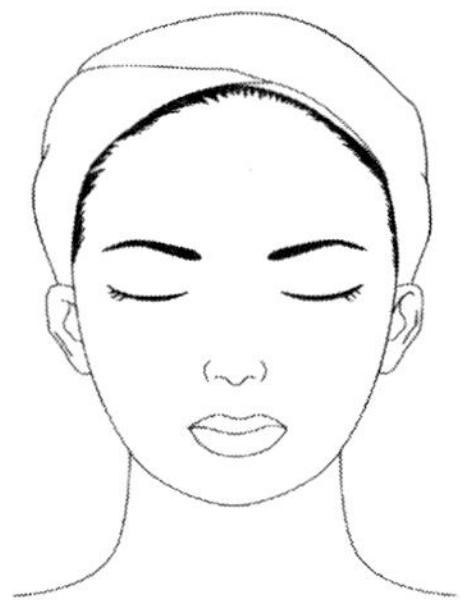		
⑥ 볼 3등분 두드리기	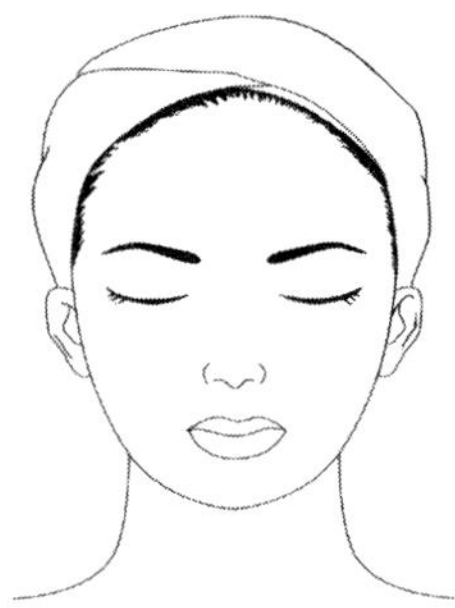		

(7) 코

① 콧등 쓰다듬기

양 손 중지를 겹쳐 콧등을 미간부위까지 쓰다듬기

② 영향점, 콧망울 문지르기

양 손 중지로 영향점, 콧망울 둥글게 문지르기

③ 코 벽 8자로 문지르기

양 엄지를 깍지 낀 후, 중지로 8자 그리며 문지르기

코 테크닉 순서			
동작이름	테크닉 그리기	동작내용	비고
① 콧등 쓰다듬기	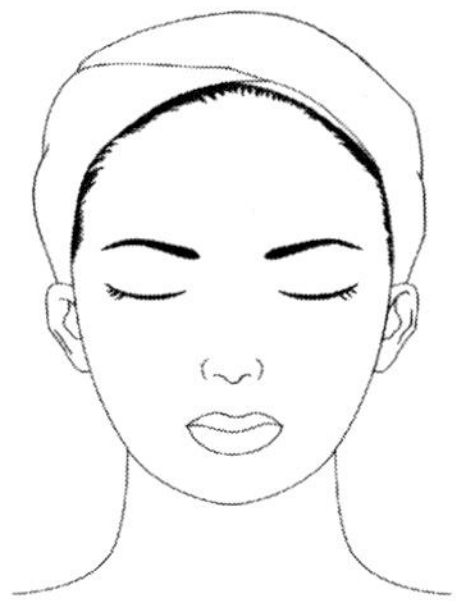		
② 영향점, 콧망울 문지르기	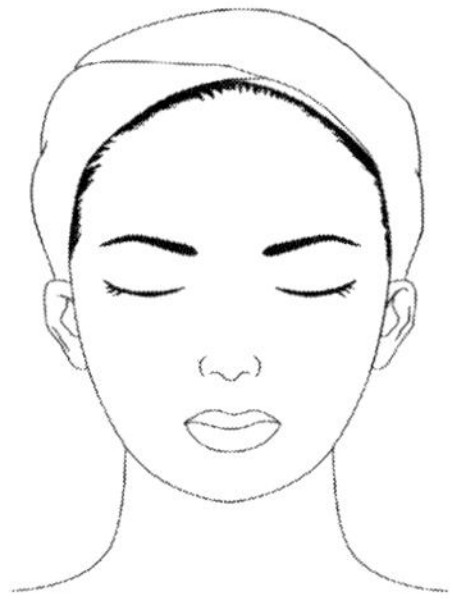		
③ 코 벽 8자로 문지르기	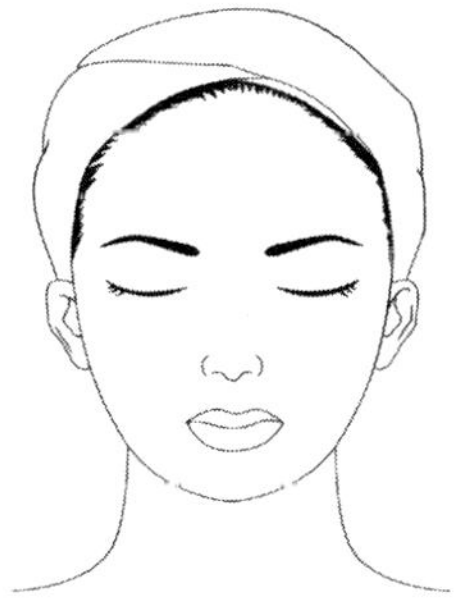		

(8) 눈

① 눈 주위 원 그리기

양 손 중지로 눈 밑 돌아 원 그리기

② 눈 꼬리 8자 그리기

양 손 중지로 눈 꼬리 8자 그리기

③ 눈 주위 8자 그리기

한 손은 고정 다른 한 손으로 눈 밑 지나 반대 눈썹 지나 크게 8자 그리기

④ 눈썹 집어주기

엄지, 중지로 눈썹 3등분하여 집어주기

눈 테크닉 순서

동작이름	테크닉 그리기	동작내용	비고
① 눈 주위 원 그리기	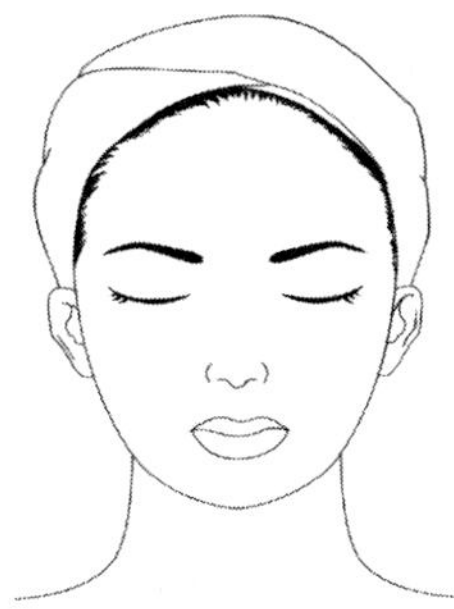		
② 눈 꼬리 8자 그리기	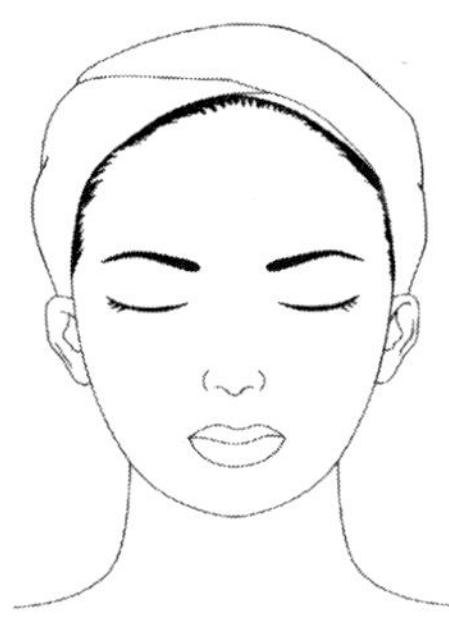		
③ 눈 주위 8자 그리기	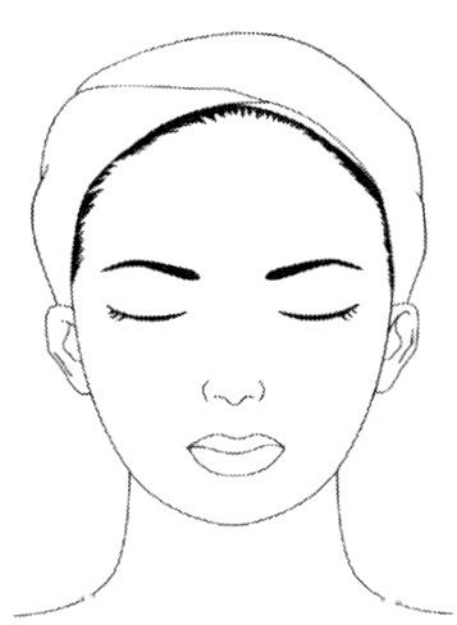		
④ 눈썹 집어주기	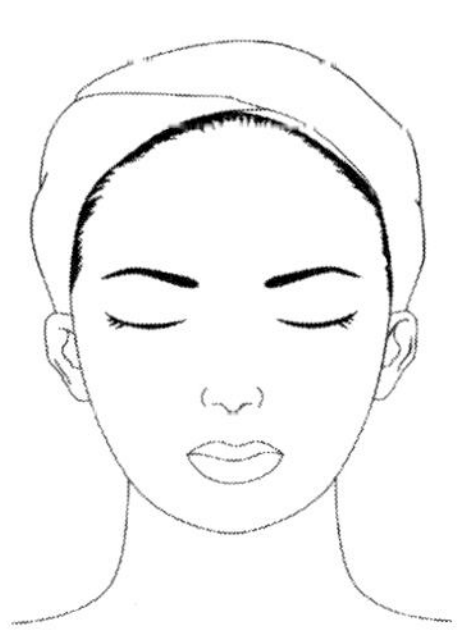		

(9) 이마

① 이마 가로방향 쓰다듬기

양 손 교대로 밀착하여 쓰다듬기

② 이마 세로방향 쓰다듬기

오른쪽에서 왼쪽으로 다시 중앙까지 세로방향 쓰다듬기

③ 이마 3등분 나선형 문지르기

양 손 3, 4지로 동시에 이마 3등분하여 나선형으로 문지르기

④ 미간 나선형 문지르기

왼손 2, 3지로 미간 텐션 준 후, 오른손 3, 4지로 나선형으로 문지르기

⑤ 미간 X로 쓰다듬기

미간을 2, 3, 4지로 교대로 쓰다듬기

이마 테크닉 순서			
동작이름	테크닉 그리기	동작내용	비고
① 이마 가로방향 쓰다듬기	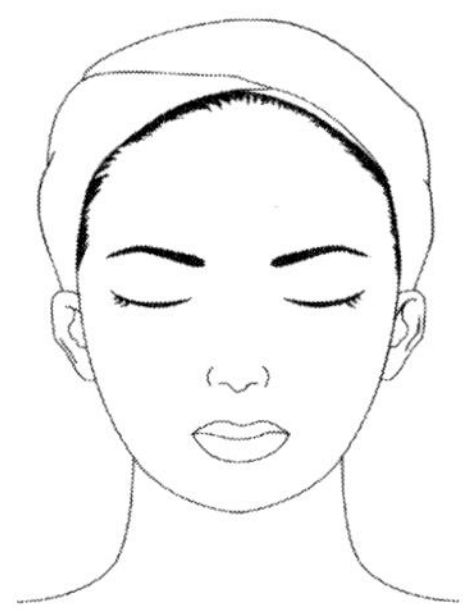		
② 이마 세로방향 쓰다듬기	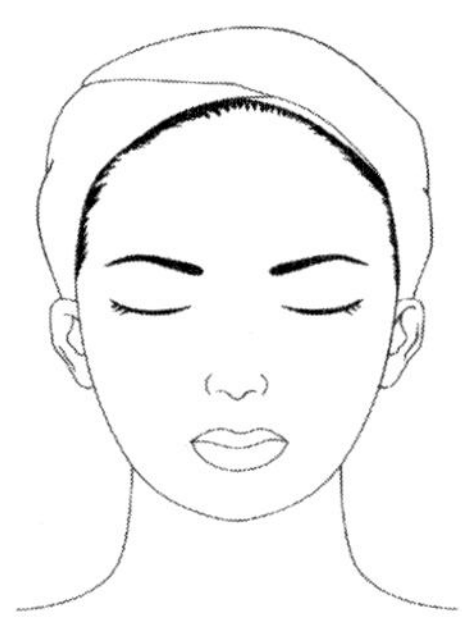		
③ 이마 3등분 나선형 문지르기	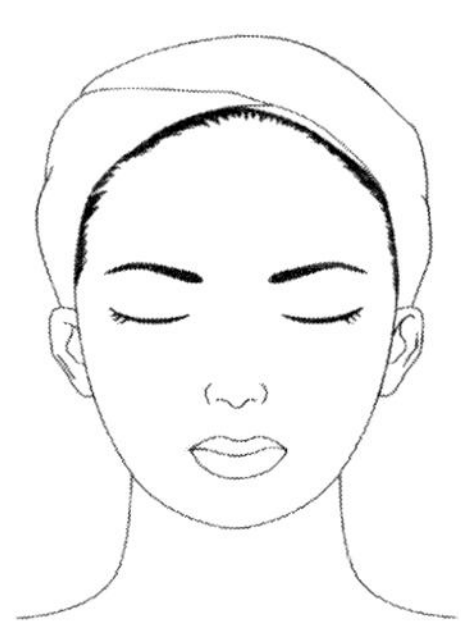		
④ 미간 나선형 문지르기	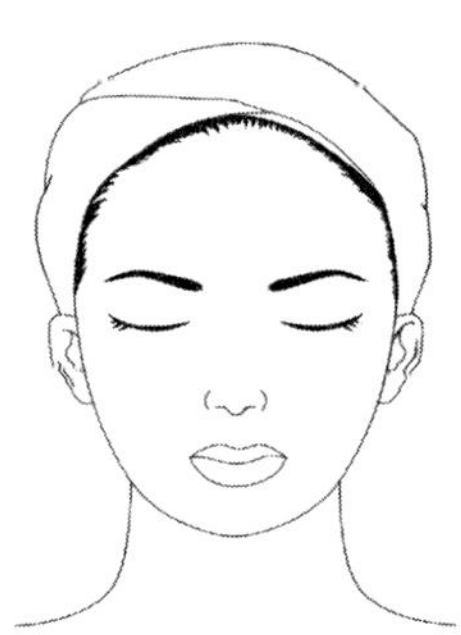		

이마 테크닉 순서			
동작이름	테크닉 그리기	동작내용	비고
⑤ 미간 X로 쓰다듬기	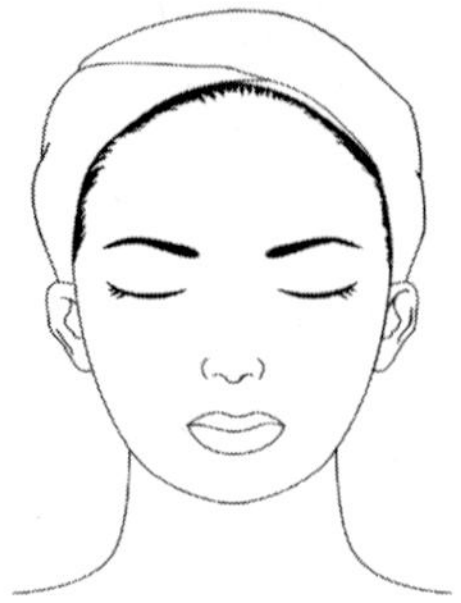		

(10) 전체 동작 및 마무리

① 전체동작

양 손으로 볼 쓸어 올려 이마 2, 3, 4, 5지로 압 주기

② 전체동작

턱선에서 양손 교차하여 얼굴측면, 이마 지나 관자 압 주기

③ 압 주기

승장, 지창, 인중, 영향, 정명, 찬죽, 관자놀이 압 주기

④ 얼굴 전체 쓰다듬기

양 손바닥으로 중앙에서 바깥방향으로 얼굴 3등분(이마, 코, 입술)하여 쓰다듬기

⑤ 목, 데콜테 쓰다듬기

양 손바닥으로 중앙에서 바깥방향으로 목, 데콜테, 어깨 돌아 귀 밑에서 마무리

전체 동작 및 마무리 순서			
동작이름	테크닉 그리기	동작내용	비고
① 전체동작 양손으로 볼 쓸어 올려 이마 2, 3, 4, 5지로 압 주기	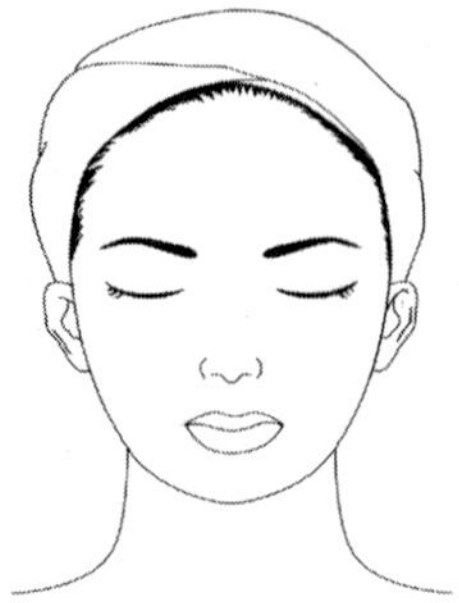		
② 전체동작 턱선에서 양 손 교차하여 얼굴측면, 이마 지나 관자 압 주기	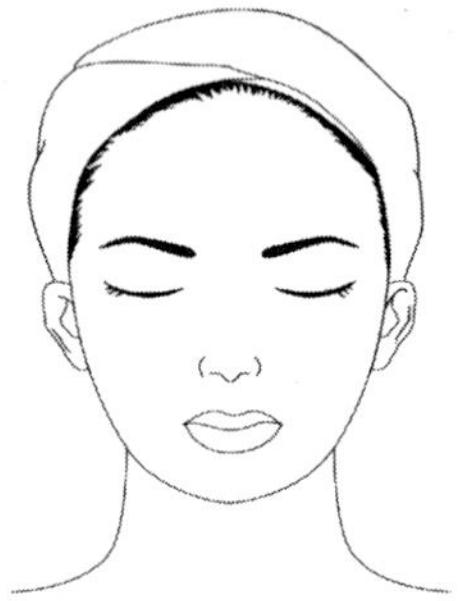		
③ 압 주기	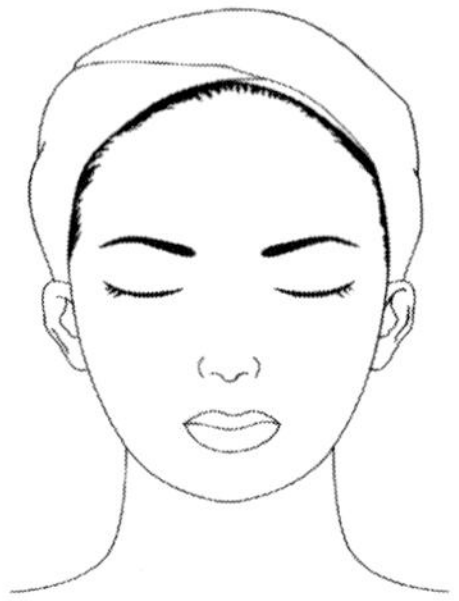		
④ 얼굴 전체 쓰다듬기	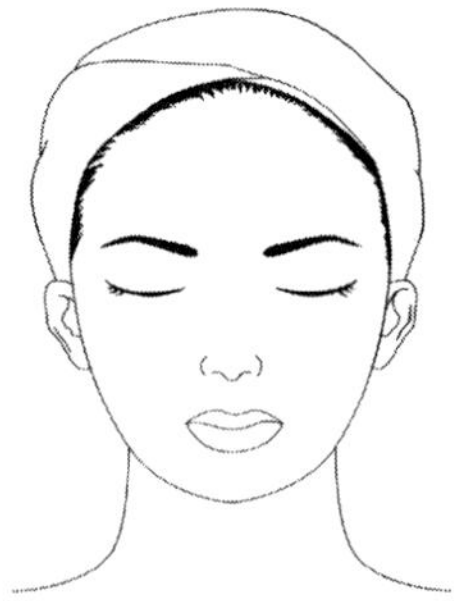		

전체 동작 및 마무리 순서			
동작이름	테크닉 그리기	동작내용	비고
⑤ 목, 데콜테 쓰다듬기	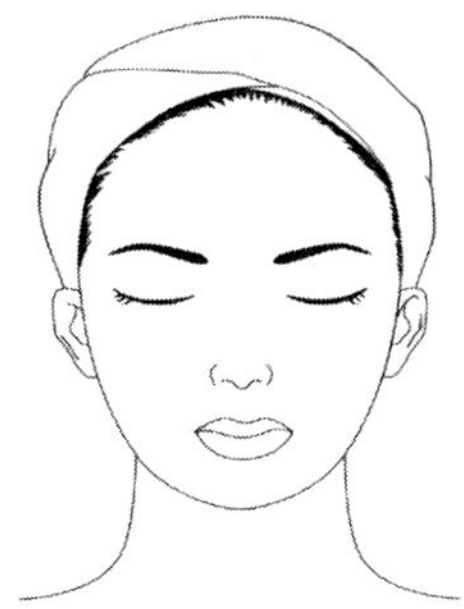		

Chapter 05

얼굴관리 마무리

1 피부 관리 후 마무리

피부 관리 마지막 단계에서 시행하는 수기 방법으로 주로 경직된 관절과 근육의 피로를 스트레칭을 통하여 운동시키는 효과는 갖는 단계이다. 이는 피부 관리에 대한 서비스 질 향상 및 고객 만족도를 높이고 피로를 완화시킨다.

2 마무리 동작 순서

① 후경부 주무르기

후경부의 근육을 가볍게 주물러 준다.

② 후두골 혈점 압 주기

아문, 천주, 풍지, 완골 압을 준다.

③ 어깨 부위의 승모근 반죽하기

어깨부위의 승모근 가볍게 주물러 준다.

④ 견정 압 주기

견정을 한쪽씩 번갈아가며 엄지로 압 준다.

⑤ 귀 전체 만져주기

엄지와 검지를 이용하여 가볍게 귀 전체를 꼼꼼하게 만져준다.

⑥ 귀 비벼주기

검지와 중지 사이에 귀를 끼우고 상하로 가볍게 손가락을 이용하면서 귀를 비벼준다.

⑦ 머리 압 주기

머리를 3등분하여 이마에서 백회까지 압을 한다.

⑧ 측두근 압 주기

고객을 한쪽으로 돌린 후 측두근을 지두면으로 압을 한다.

⑨ 목 스트레칭

오른손은 후경부에, 왼손은 왼쪽 견봉 부위에 올려놓고 왼손은 견봉을 지긋이 누르고 오른손은 후경부위를 오른쪽 방향으로 잡아당겨 스트레칭 한다. 반대쪽도 실시한다.

⑩ 삼각근 반죽하기

상완 부위의 삼각근을 반죽하듯이 주물러준다.

⑪ 팔 스트레칭

고객의 손목을 부드럽게 잡고 관리사 방향으로 잡아당긴다.

마무리 동작 순서			
동작이름	테크닉 그리기	동작내용	비고
① 후경부 주무르기	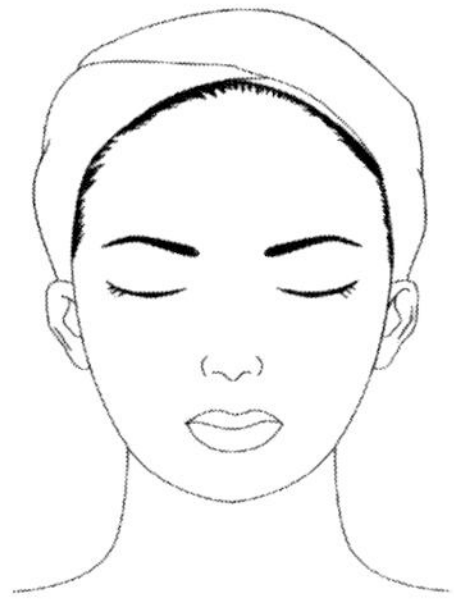		
② 후두골 혈점 압 주기	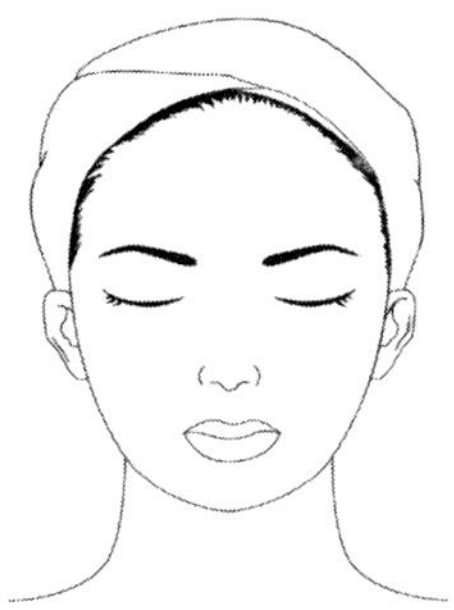		
③ 어깨 부위의 승모근 반죽하기	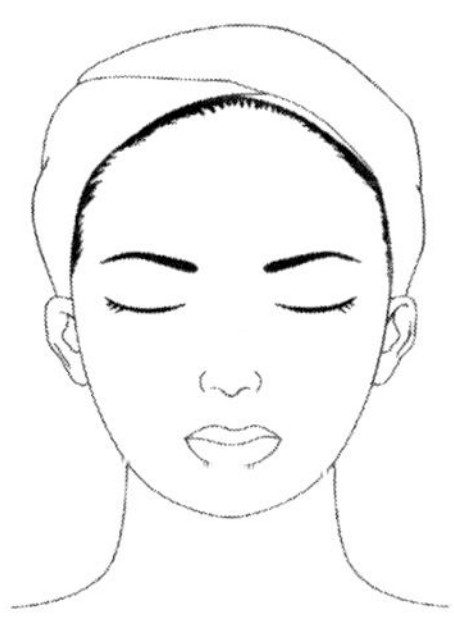		
④ 견정 압 주기	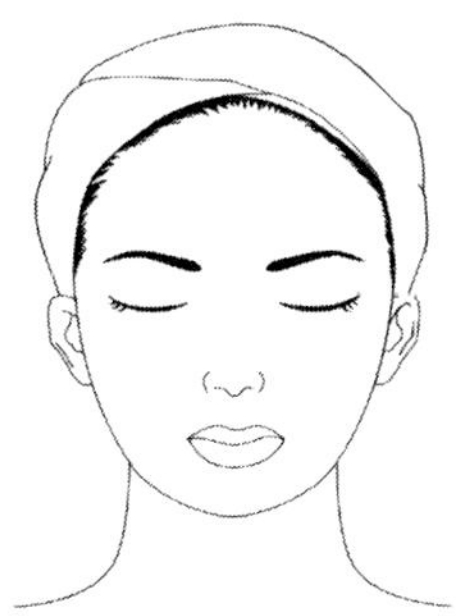		

마무리 동작 순서			
동작이름	테크닉 그리기	동작내용	비고
⑤ 귀 전체 만져주기	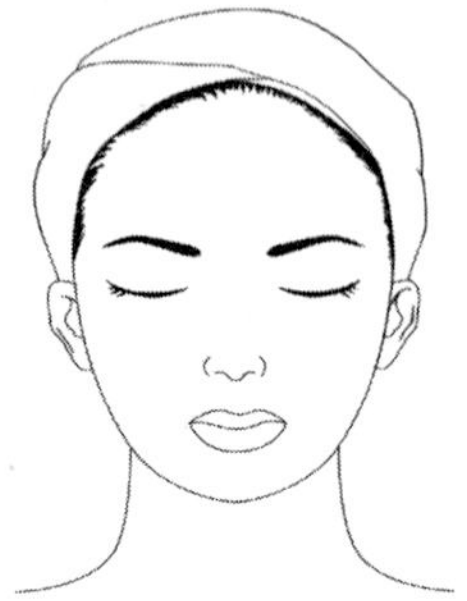		
⑥ 귀 비벼주기	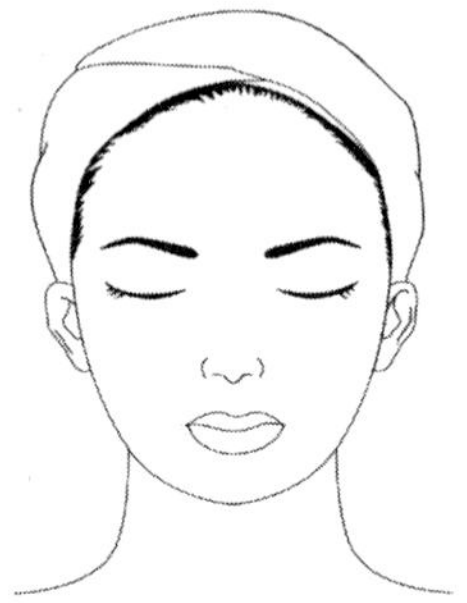		
⑦ 머리 압 주기	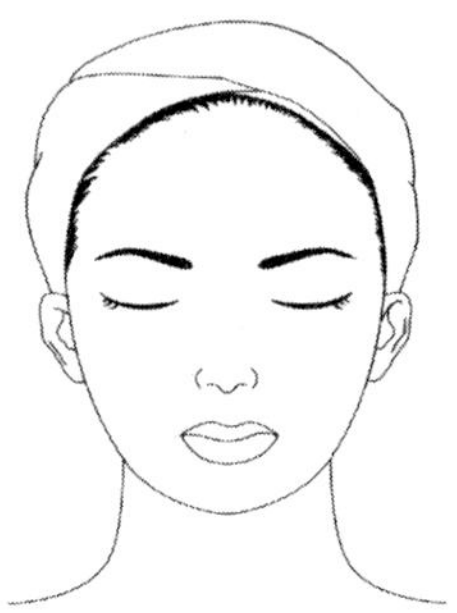		
⑧ 측두근 압 주기	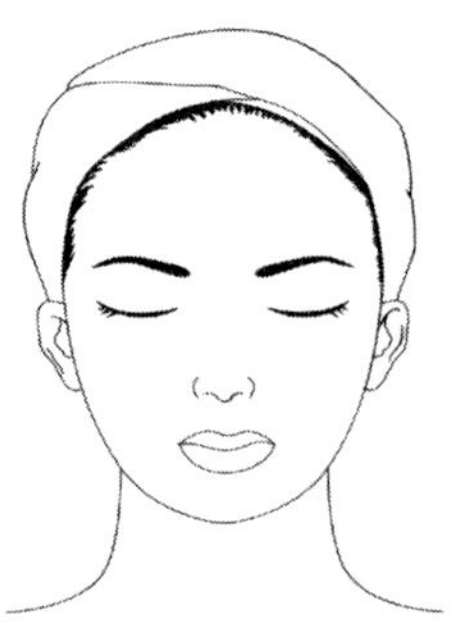		

마무리 동작 순서			
동작이름	테크닉 그리기	동작내용	비고
⑨ 목 스트레칭	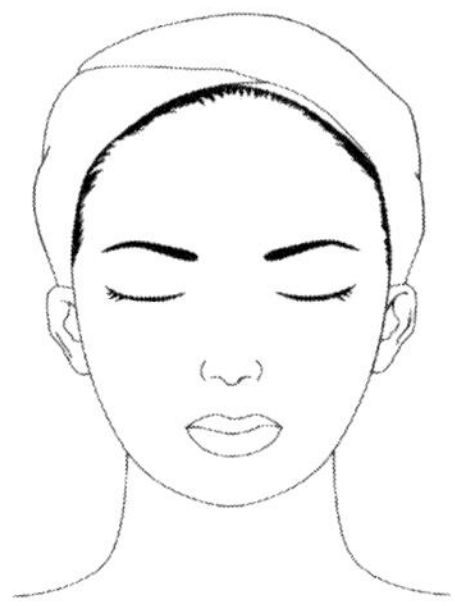		
⑩ 삼각근 반죽하기	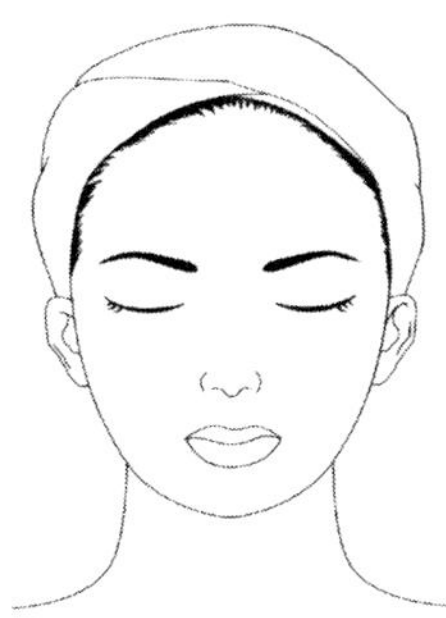		
⑪ 팔 스트레칭	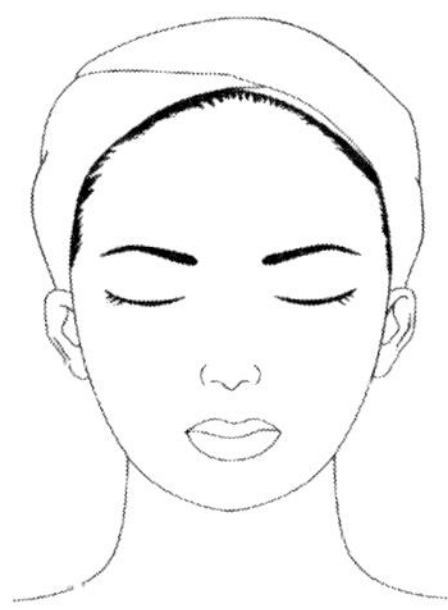		

팔 동작 순서			
동작이름	테크닉 그리기	동작내용	비고
⑦ 손바닥 약지 끼고 스트레칭하고 손바닥 지그재그로 문지르기	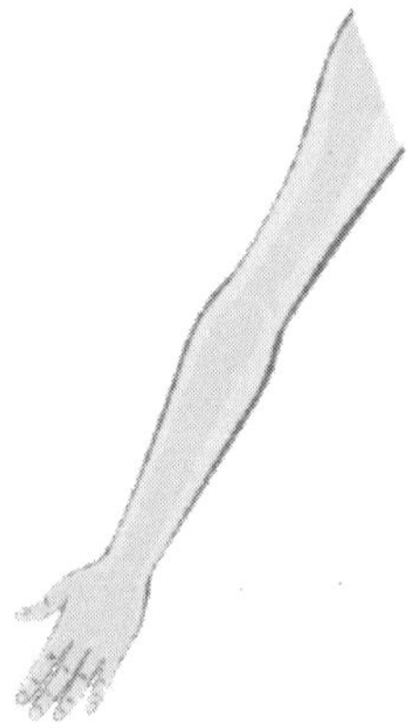		
⑧ 손등 엄지손으로 지그재그로 문지르기	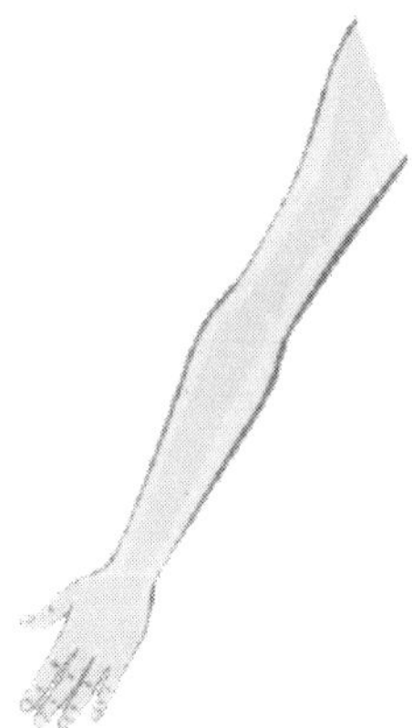		
⑨ 손등 사이사이 쓸어주기	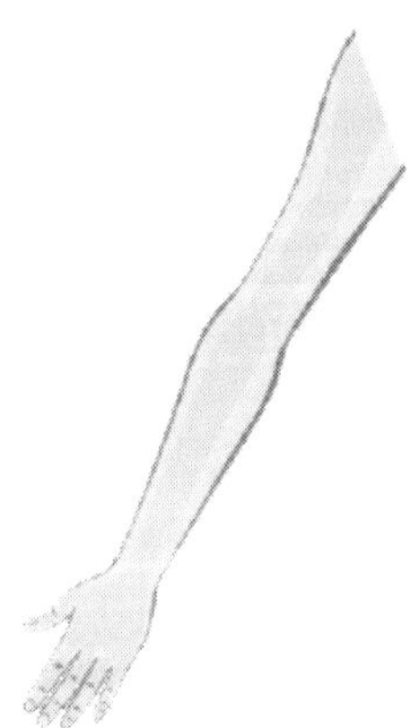		

팔 동작 순서			
동작이름	테크닉 그리기	동작내용	비고
⑩ 손가락 러빙 하면서 손끝 압 주기	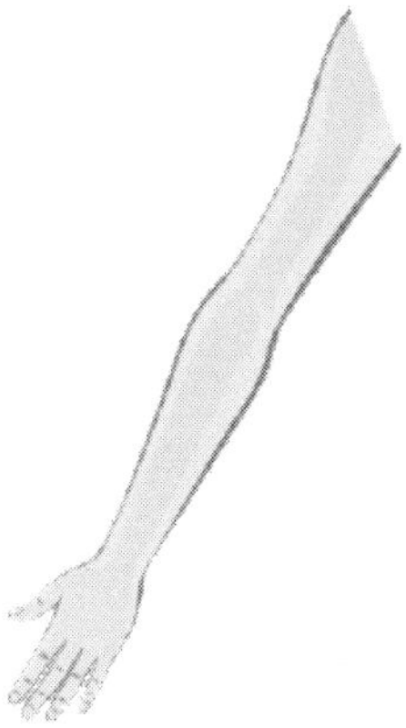		
⑪ 팔 전체 가로로 문지르기	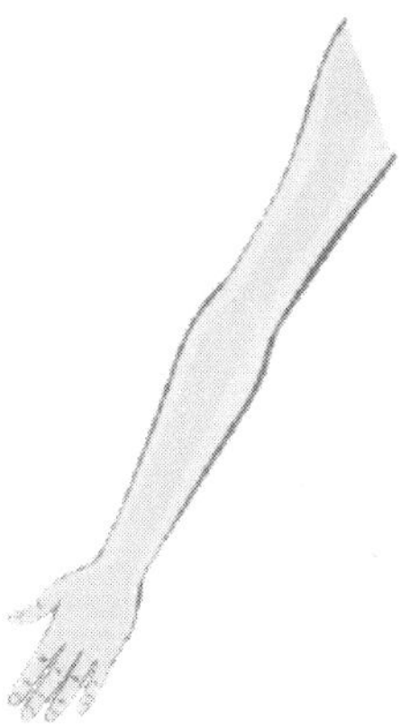		
⑫ 상완부 가로 반죽, 세로 반죽하기	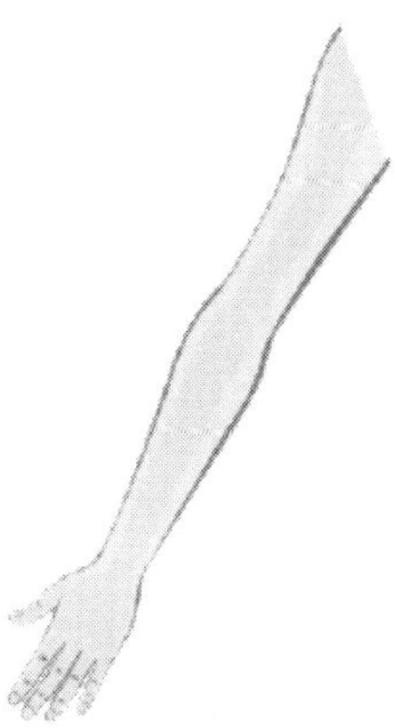		

팔 동작 순서			
동작이름	테크닉 그리기	동작내용	비고
⑬ 바깥쪽, 안쪽 번갈아 내려오면서 팔꿈치 러빙하기	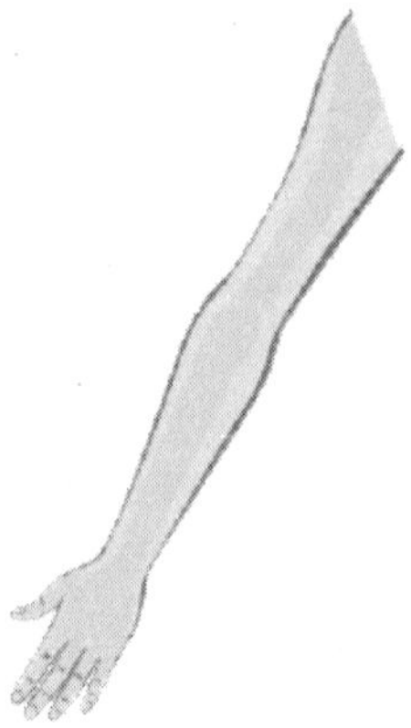		
⑭ 팔 전체 쓰다듬기 해준 후 진동하기로 마무리	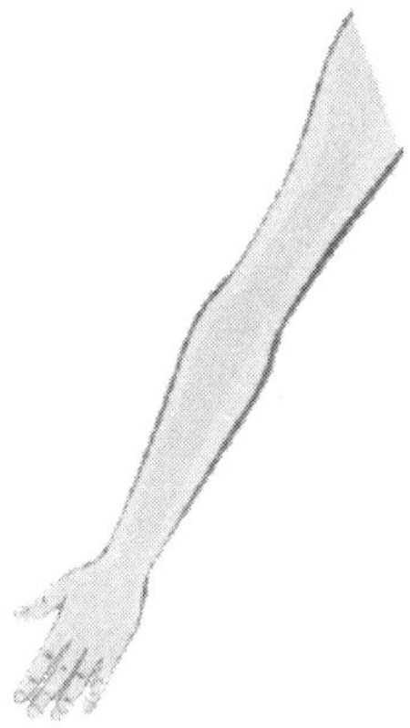		

[팔 온습포 및 마무리]

① 온습포로 팔 바깥쪽, 안쪽 부위를 닦아주기

② 양 손으로 온습포를 잡고 손등, 손바닥, 손가락 닦아주기

③ 손 장갑 만들어 팔 전체 닦아주기

④ 어깨와 팔 안쪽 세심하게 닦아주기

⑤ 마른 타월로 남아있는 물기 제거하기

⑥ 젖은 화장솜에 화장수 묻혀 전체 쓸어주기

⑦ 핸드 드라이 하면서 마무리하기

Chapter 02

다리하체 관리(전면)

[클렌징하기]

① 해면으로 정리하기

② 알코올 솜으로 발등, 발가락, 발바닥 전체를 소독하기

③ 젖은 화장솜에 화장수 묻혀 전체 클렌징하기

[하체 전면 관리]

① 양 손으로 다리 전면 전체 쓰다듬기

② 한 손으로 번갈아 가며 바깥쪽, 안쪽 올라가서 내려오기

③ 엄지손 측면으로 나선형으로 바깥쪽 올라가서 내려오기

④ 엄지손 측면으로 나선형으로 안쪽 올라가서 내려오기

⑤ 양 손으로 4등분 나뉘어 다리 전체 쓰다듬기

⑥ 전체 쓰다듬기

⑦ 손바닥 전체를 이용하여 발등, 발바닥 쓸어주기

⑧ 엄지를 이용하여 발등 X형 나선형으로 쓸어주기

⑨ 엄지를 이용하여 발등 지그재그로 문지르기

⑩ 복숭아 뼈 마찰하기

⑪ 경골 부위 나선형으로 문지르기

⑫ 비골 부위 나선형으로 문지르기

⑬ 양 엄지로 무릎 문지르기

⑭ 대퇴부위 양손으로 2등분하여 하트모양으로 문지르기

⑮ 양 손 번갈아 가면 대퇴부위 문지르기

⑯ 대퇴 부위 안쪽, 중간, 바깥 쪽 주무르기

⑰ 대퇴직근 밀착하여 가로방향 문지르기

⑱ 종아리 가자미근, 비복근 주무르기

⑲ 전체 진동하기

전면다리 동작 순서			
동작이름	테크닉 그리기	동작내용	비고
① 양 손으로 다리 전면 전체 쓰다듬기	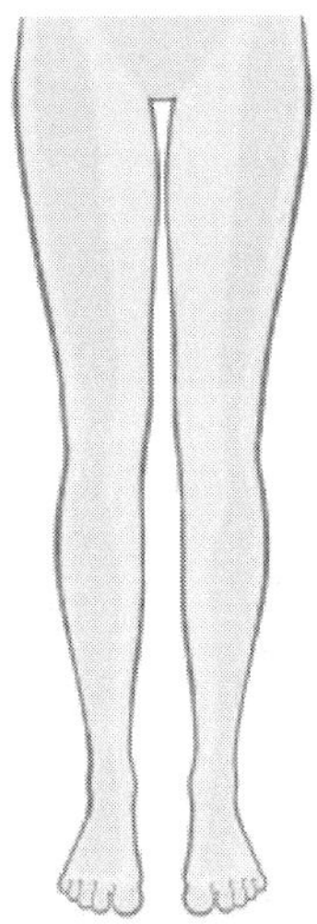		
② 한 손으로 번갈아가며 바깥쪽, 안쪽 올라가서 내려오기	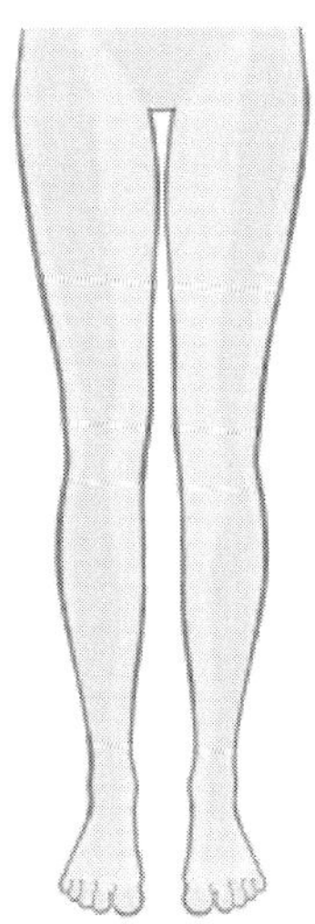		

전면다리 동작 순서			
동작이름	테크닉 그리기	동작내용	비고
⑦ 손바닥 전체를 이용하여 발등, 발바닥 쓸어주기	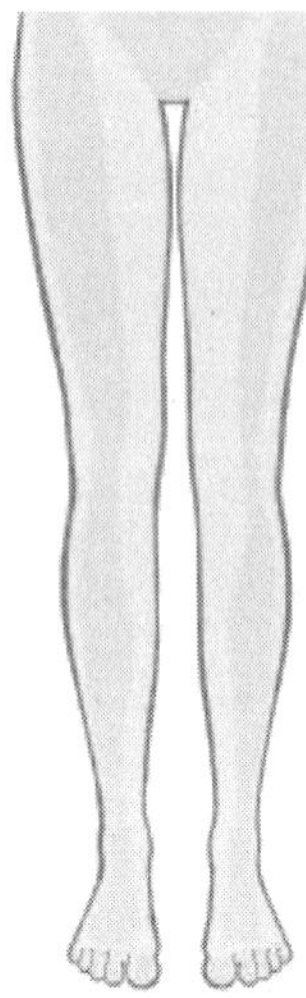		
⑧ 엄지를 이용하여 발등 X형 나선형으로 쓸어주기	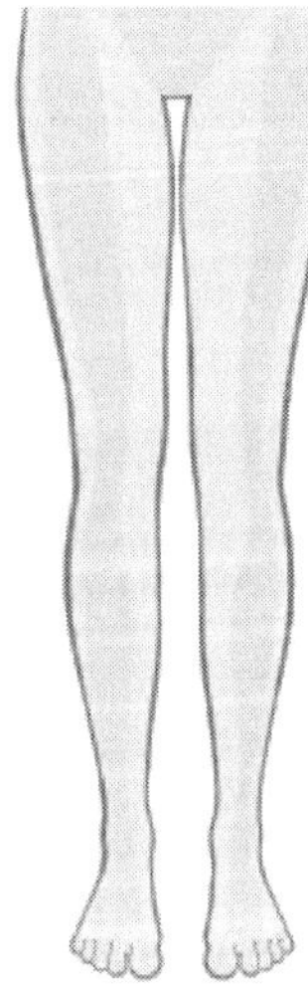		

전면다리 동작 순서			
동작이름	테크닉 그리기	동작내용	비고
⑨ 엄지를 이용하여 발등 지그재그로 문지르기	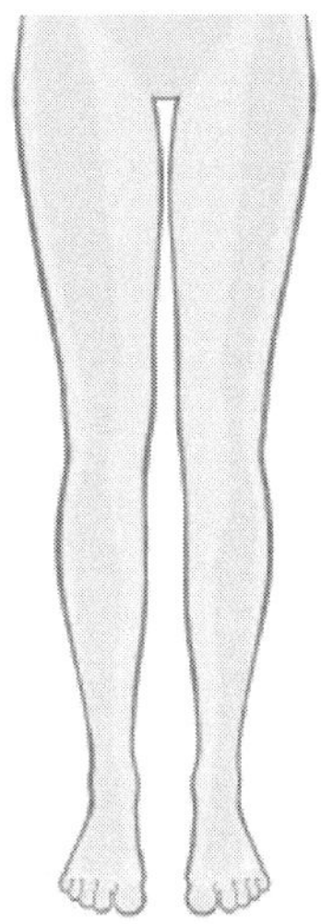		
⑩ 복숭아 뼈 마찰하기	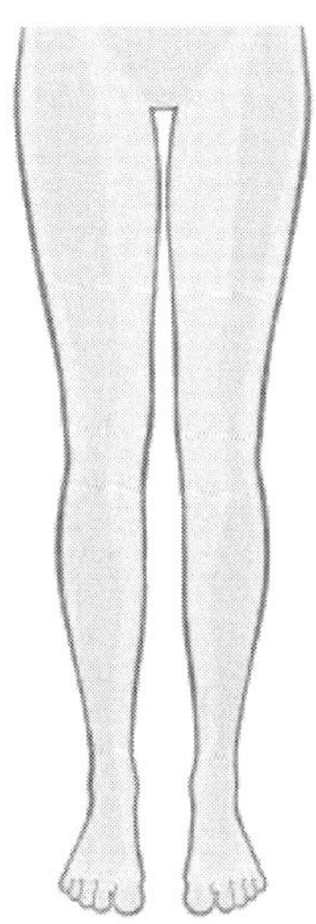		

전면다리 동작 순서			
동작이름	테크닉 그리기	동작내용	비고
⑪ 경골 부위 나선형으로 문지르기	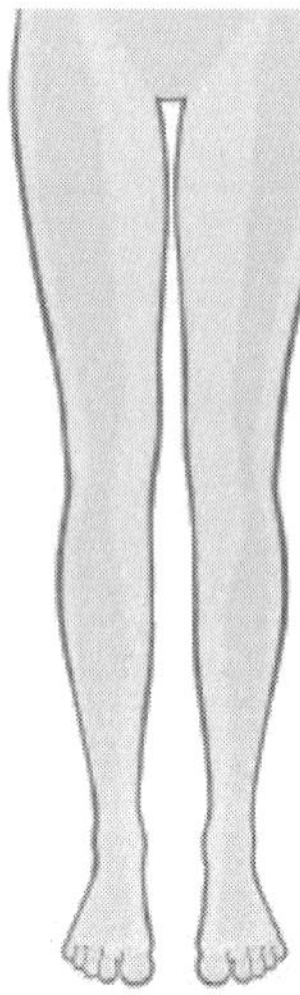		
⑫ 비골 부위 나선형으로 문지르기	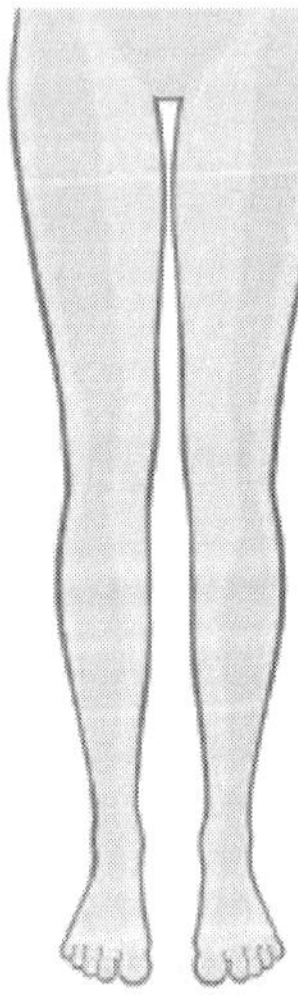		

전면다리 동작 순서			
동작이름	테크닉 그리기	동작내용	비고
⑬ 양 엄지로 무릎 문지르기	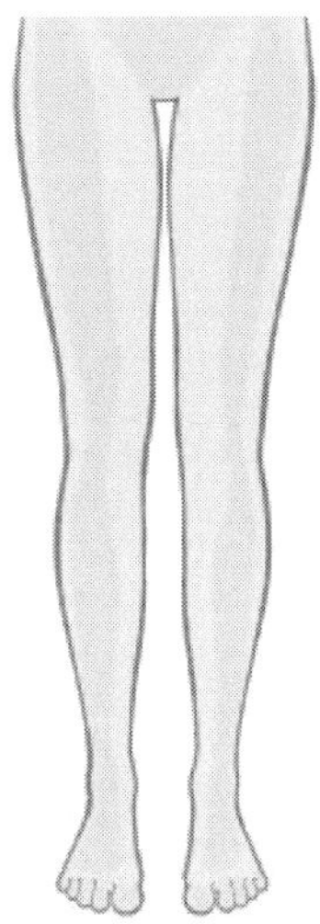		
⑭ 대퇴부위 양손으로 2등분하여 하트모양으로 문지르기	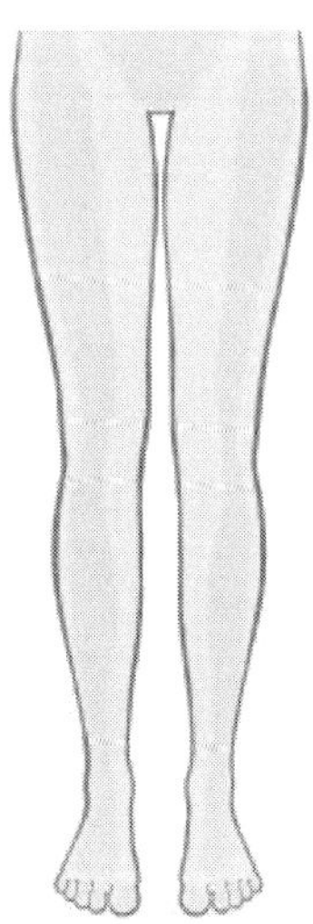		

전면다리 동작 순서			
동작이름	테크닉 그리기	동작내용	비고
⑮ 양 손 번갈아 가면 대퇴부위 문지르기	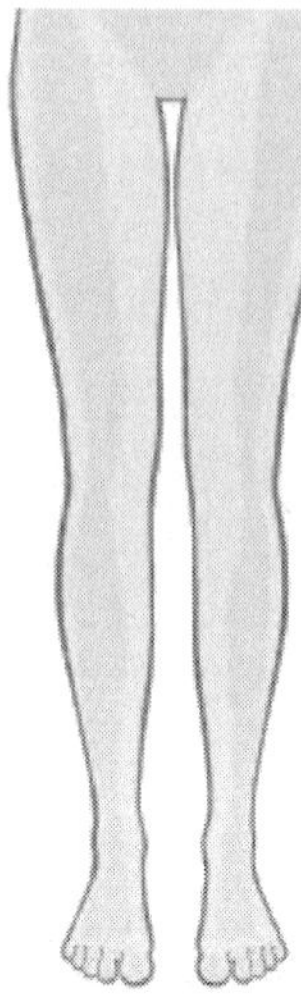		
⑯ 대퇴 부위 안쪽, 중간, 바깥 쪽 주무르기	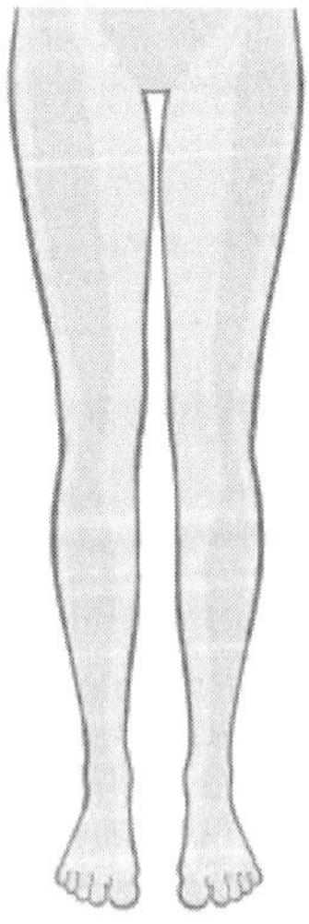		

전면다리 동작 순서			
동작이름	테크닉 그리기	동작내용	비고
⑰ 대퇴직근 밀착하여 가로방향 문지르기	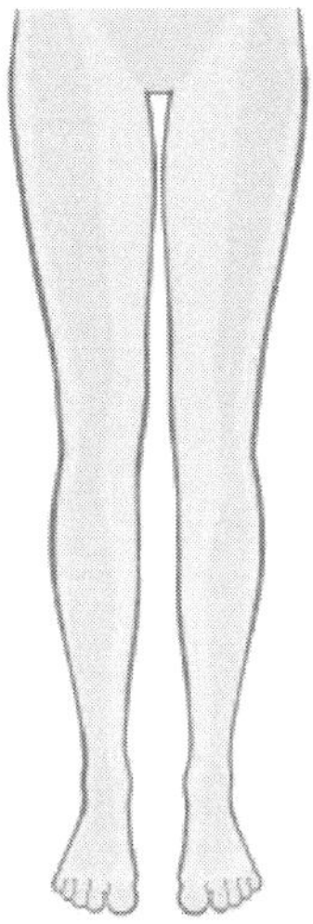		
⑱ 종아리 가자미근, 비복근 주무르기	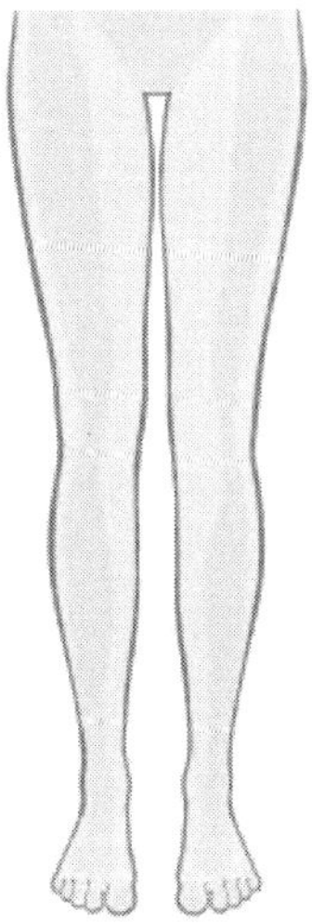		

전면다리 동작 순서			
동작이름	테크닉 그리기	동작내용	비고
⑲ 전체 진동하기	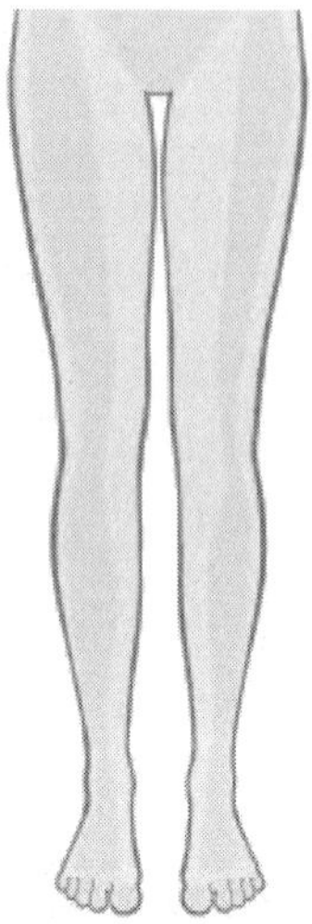		

[하체 전면 온습포 및 마무리]

① 온습포로 다리 전체 덮어주기

② 대퇴부에서 접어 내려오면서 닦아주기

③ 손장갑 만들어 다리 전체 닦아주기

④ 발목을 잡고 살짝 들어 올려 후면 부위 닦아주기

⑤ 발등, 발가락 사이사이 세심하기 닦아주기

⑥ 마른 타월로 남아있는 물기 제거하기

⑦ 젖은 화장솜에 화장수 묻혀 전체 쓸어주기

⑧ 핸드 드라이하며 마무리하기

Chapter

03 다리하체 관리(후면)

[클렌징하기]

① 해면으로 정리하기

② 알코올 솜으로 발등, 발가락, 발바닥 전체를 소독하기

③ 젖은 화장솜에 화장수 묻혀 전체 클렌징하기

[하체 후면 관리]

① 양 손으로 다리 전면 전체 쓰다듬기

② 한 손으로 번갈아 가며 바깥쪽, 안쪽 올라가서 내려오기

③ 엄지손 측면으로 나선형으로 바깥쪽 올라가서 내려오기

④ 엄지손 측면으로 나선형으로 안쪽 올라가서 내려오기

⑤ 양 손으로 4등분 나뉘어 하트모양으로 다리 전체 쓰다듬기

⑥ 전체 쓰다듬기

⑦ 손바닥 전체를 이용하여 발바닥 쓸어주기

⑧ 엄지를 이용하여 발바낙 관절 마찰하기

⑨ 발 뒤꿈치 마찰하기

⑩ 복숭아 뼈 마찰하기

⑪ 하퇴 부위 안쪽, 중간, 바깥쪽 주무르기

⑫ 대퇴 부위 안쪽, 중간, 바깥쪽 주무르기

⑬ 하퇴 부위 밀착하여 비틀어주기

⑭ 대퇴 부위 밀착하여 비틀어주기

⑮ 전체 쓰다듬기

⑯ 전체 진동하며 마무리하기

후면다리 동작 순서			
동작이름	테크닉 그리기	동작내용	비고
① 양 손으로 다리 전면 전체 쓰다듬기	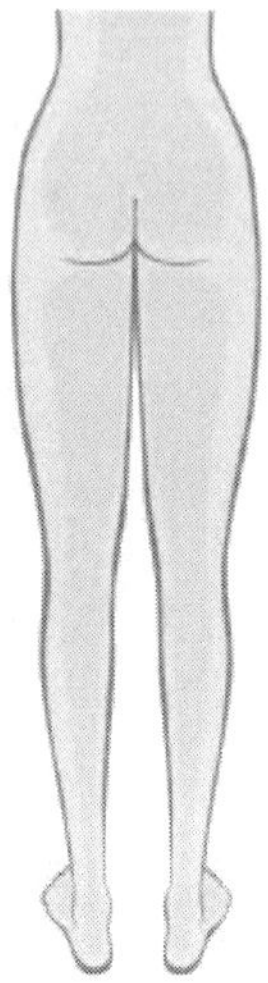		
② 한 손으로 번갈아 가며 바깥쪽, 안쪽 올라가서 내려오기	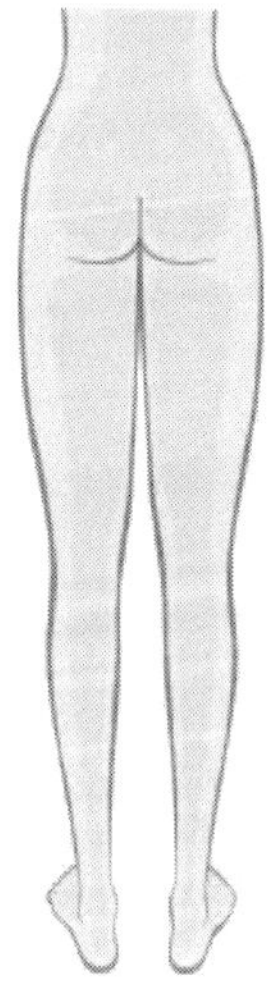		

후면다리 동작 순서			
동작이름	테크닉 그리기	동작내용	비고
③ 엄지손 측면으로 나선형으로 바깥쪽 올라가서 내려오기	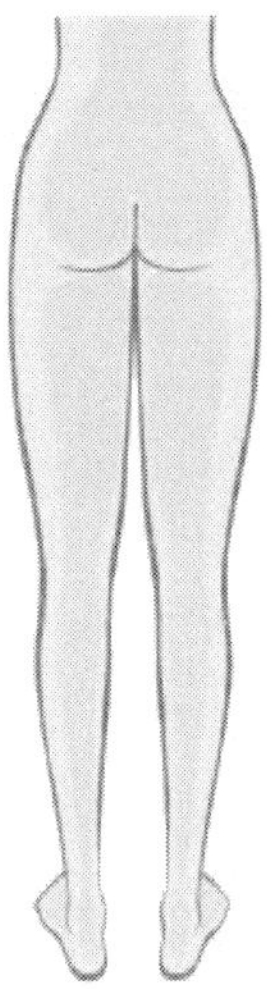		
④ 엄지손 측년으로 나선형으로 안쪽 올라가서 내려오기	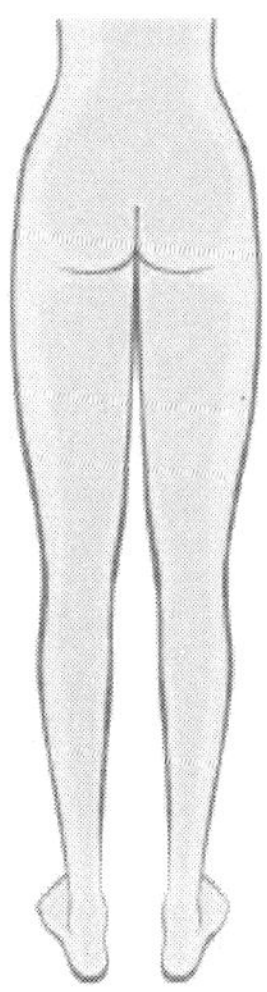		

후면다리 동작 순서			
동작이름	테크닉 그리기	동작내용	비고
⑤ 양 손으로 4등분 나뉘어 하트모양으로 다리 전체 쓰다듬기	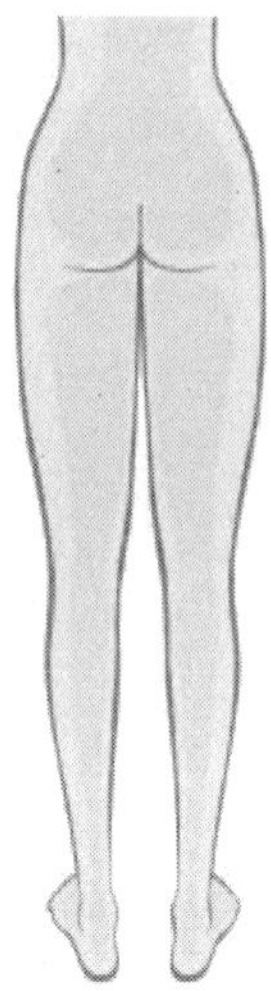		
⑥ 전체 쓰다듬기	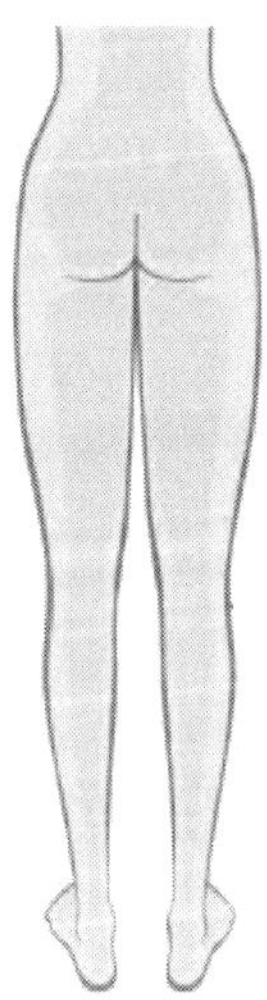		

후면다리 동작 순서			
동작이름	테크닉 그리기	동작내용	비고
⑦ 손바닥 전체를 이용하여 발바닥 쓸어주기	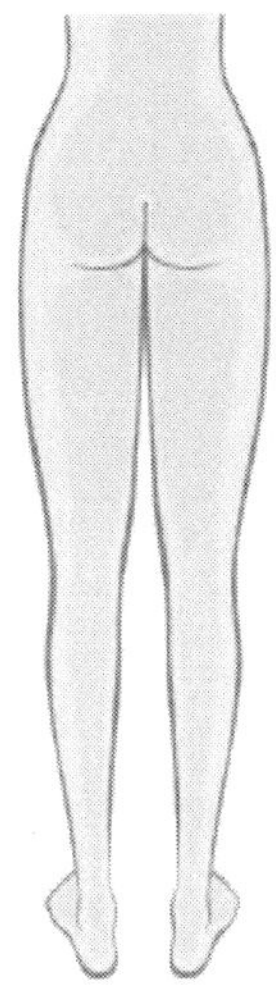		
⑧ 엄지를 이용하여 발바닥 관절 마찰하기	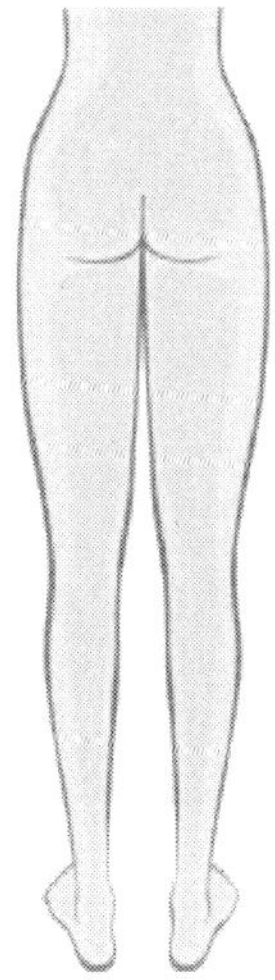		

후면다리 동작 순서			
동작이름	테크닉 그리기	동작내용	비고
⑨ 발 뒤꿈치 마찰하기	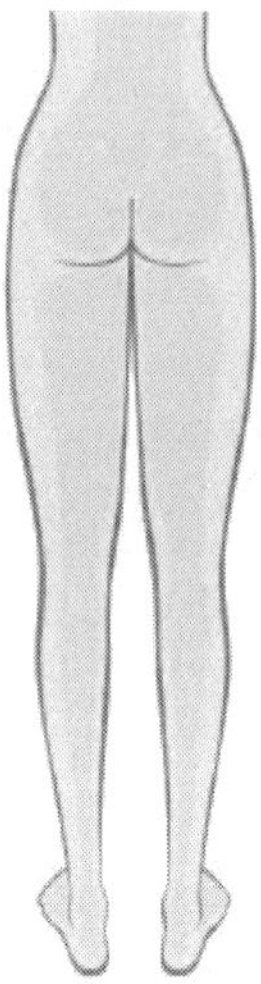		
⑩ 복숭아 뼈 마찰하기	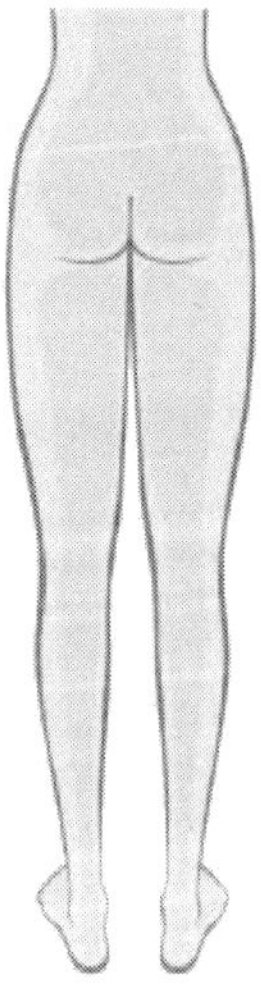		

후면다리 동작 순서			
동작이름	테크닉 그리기	동작내용	비고
⑪ 하퇴 부위 안쪽, 중간, 바깥쪽 주무르기	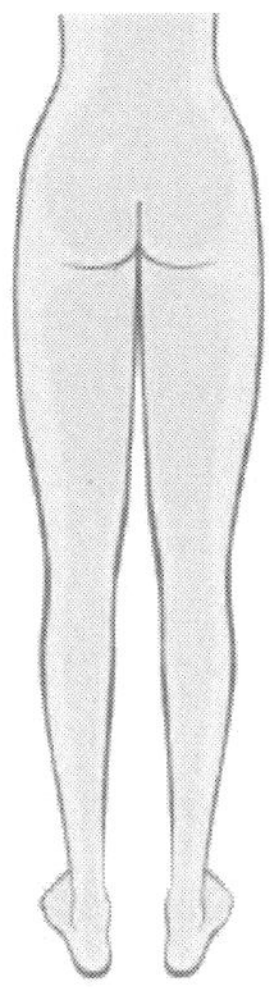		
⑫ 대퇴 부위 안쪽, 중간, 바깥쪽 주무르기	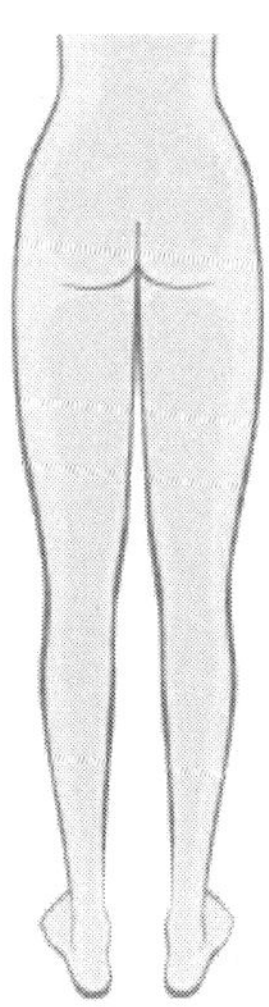		

후면다리 동작 순서			
동작이름	테크닉 그리기	동작내용	비고
⑬ 하퇴 부위 밀착하여 비틀어주기	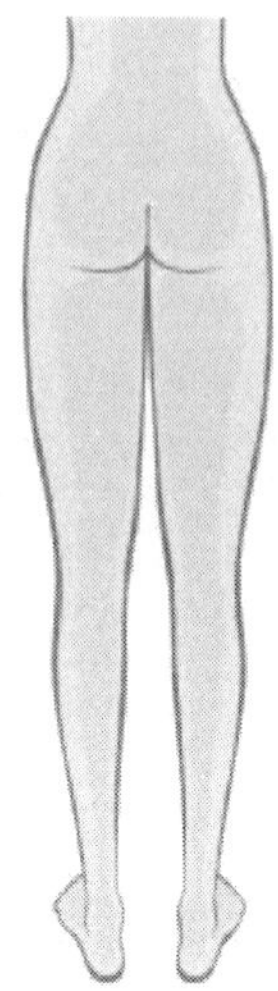		
⑭ 대퇴 부위 밀착하여 비틀어주기	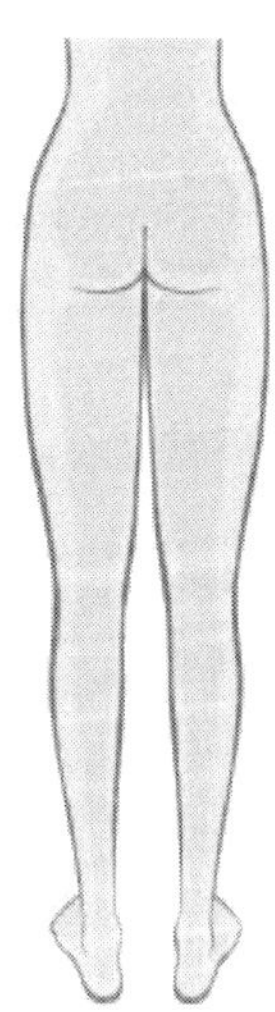		

후면다리 동작 순서			
동작이름	테크닉 그리기	동작내용	비고
⑮ 전체 쓰다듬기	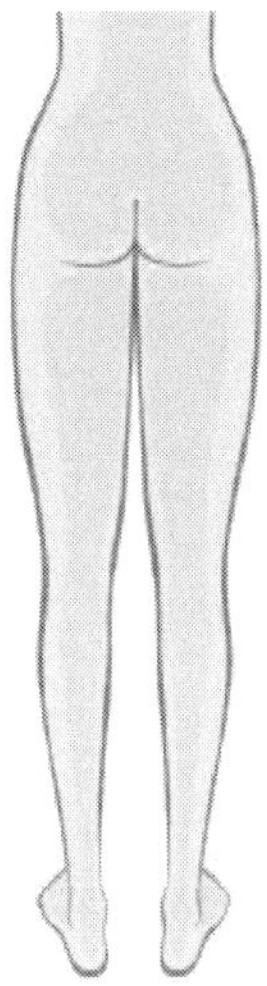		
⑯ 전체 진동하며 마무리하기			

[하체 후면 온습포 및 마무리]

① 온습포로 다리 전체 덮어주기

② 대퇴부에서 접어 내려오면서 닦아주기

③ 손장갑 만들어 다리 전체 닦아주기

④ 발목을 잡고 살짝 들어 올려 전면 부위 닦아주기

⑤ 발등, 발가락 사이사이 세심하기 닦아주기

⑥ 마른 타월로 남아있는 물기 제거하기

⑦ 젖은 화장솜에 화장수 묻혀 전체 쓸어주기

⑧ 핸드 드라이하며 마무리하기

Chapter 04

등 관리

[클렌징하기]

① 해면으로 정리하기

② 온습포로 등 전체를 클렌징하기

③ 핸드 드라이

[등 관리]

모델 옆에 서서

① 등 전체 쓸어주기. 어깨 팔 문지르기 하고 옆선타고 내려오기

② 등 전체 하트 모양 문지르기. 어깨 팔 문지르기 하고 옆선타고 내려오기

머리쪽에 서서

③ 등 전체 쓸어주며 허리까지 내려가기

④ 수근으로 승모근 문지르기

모델의 손을 이마에 놓고 경추 세우기

⑤ 승모근에서 경추부위 마찰하기, 주먹으로 자극하기

⑥ 승모근에서 경추부위 주무르기, 깍지 낀 상태로 주무르기

모델의 손 내려 놓고 견갑골 부위

⑦ 엄지손으로 견갑골 라인 쓸어 경추로 올려주기

⑧ 손바닥으로 견갑골 라인 동시에 번갈아 가며 쓰다듬기

⑨ 양손으로 밀착하여 부채꼴 모양으로 내려가며 쓰다듬기

⑩ 수근으로 승모근 자극하기

⑪ 하퇴 부위 안쪽, 중간, 바깥 쪽 주무르기

머리에 서서 기립근 부위

⑫ 엄지손으로 척추 쓸어주며 내려가기

⑬ 엄지손으로 지그재그 척추 쓸어주며 내려가기

⑭ 주먹으로 밀고 새끼 손가락으로 당기며 내려가기

⑮ 전체 쓰다듬기

허리부위

⑯ 엄지손으로 문지르기

⑰ 주먹으로 자극하기

⑱ 손바닥으로 문지르기

⑳ 전체 두드려 주기

· 전체 물결모양으로 진동하기

· 등전체 쓰다듬기 한 후 후두 부위 자극하며 마무리

등관리 동작 순서			
동작이름	테크닉 그리기	동작내용	비고
① 등 전체 쓸어주기. 어깨 팔 문지르기 하고 옆 선타고 내려오기	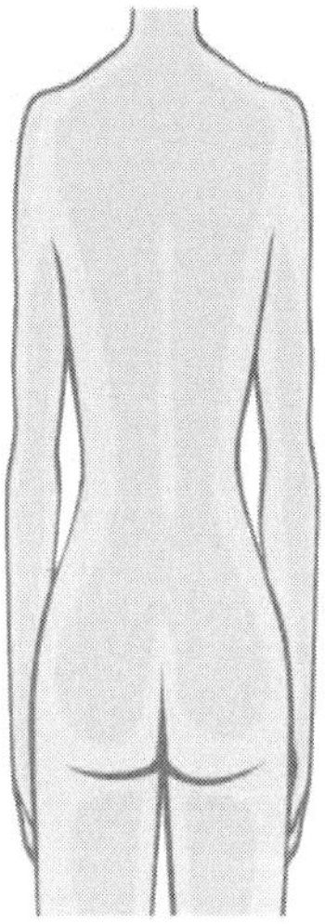		
② 등 전체 하트 모양 문지르기. 어깨 팔 문지르기 하고 옆 선타고 내려오기	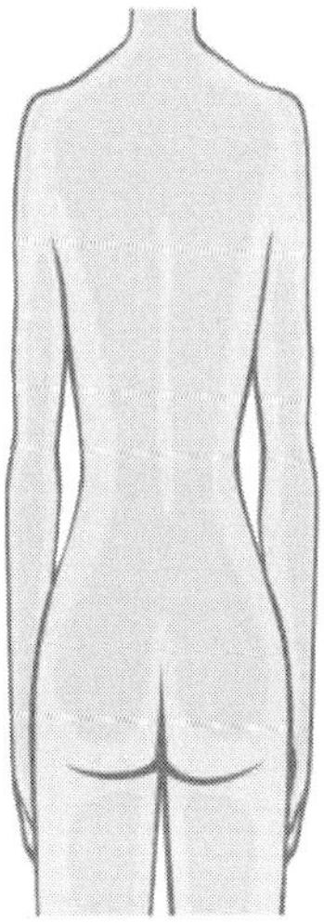		

등관리 동작 순서			
동작이름	테크닉 그리기	동작내용	비고
③ 등 전체 쓸어주며 허리까지 내려 가기	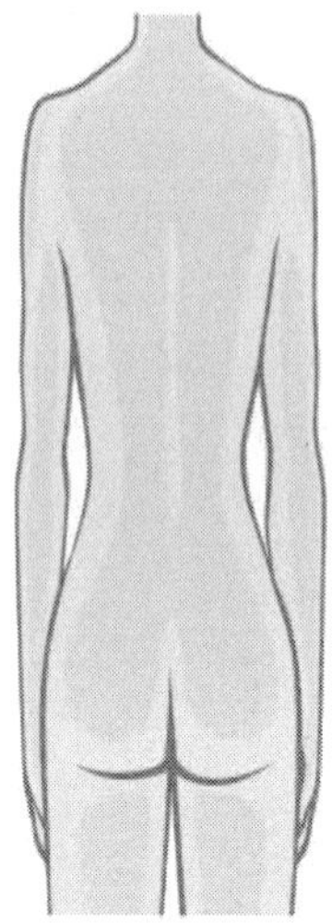		
④ 수근으로 승모근 문지르기	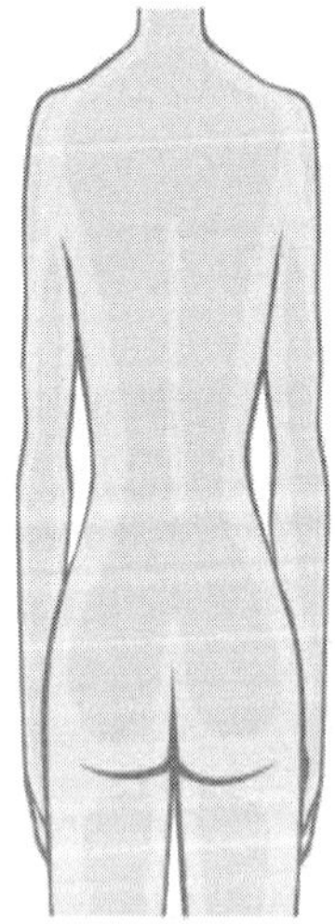		

등관리 동작 순서			
동작이름	테크닉 그리기	동작내용	비고
⑤ 승모근에서 경추 부위 마찰하기, 주먹으로 자극하기	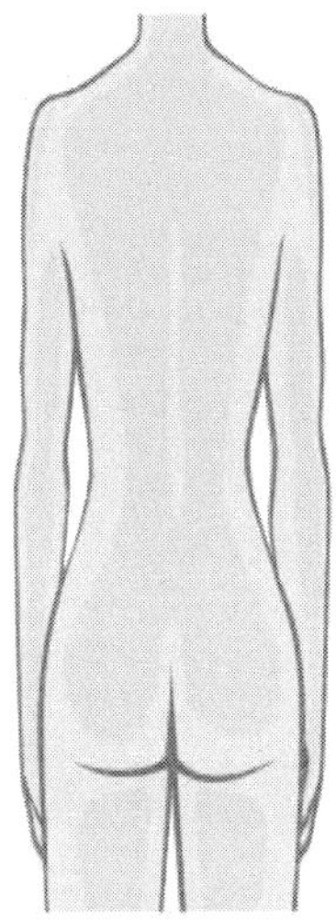		
⑥ 승모근에서 경추 부위 주무르기, 깍지 낀 상태로 주무르기	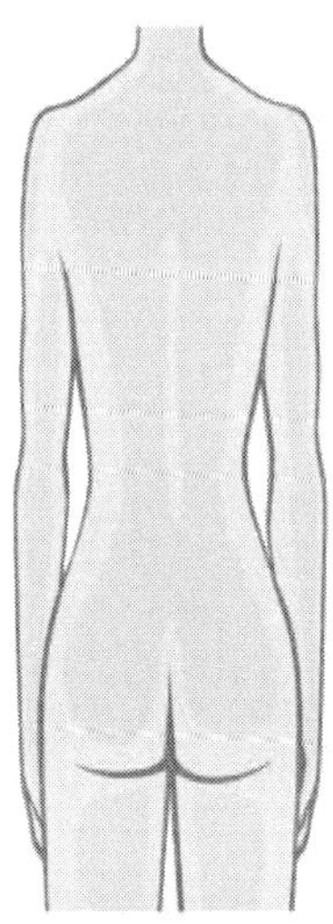		

등관리 동작 순서			
동작이름	테크닉 그리기	동작내용	비고
⑦ 엄지손으로 견갑골 라인 쓸어 경추로 올려주기	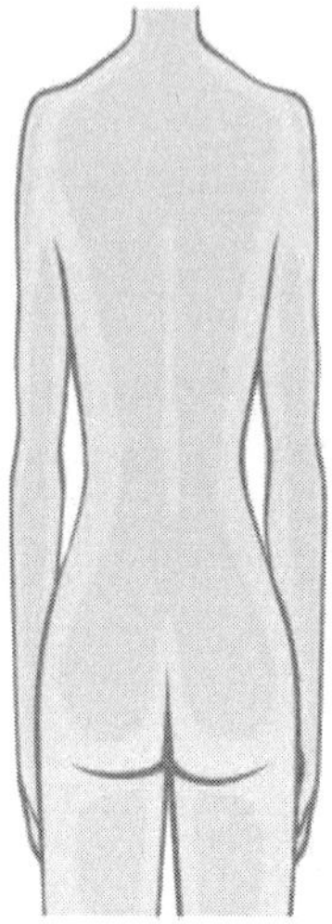		
⑧ 손바닥으로 견갑골 라인 동시에 번갈아 가며 쓰다듬기	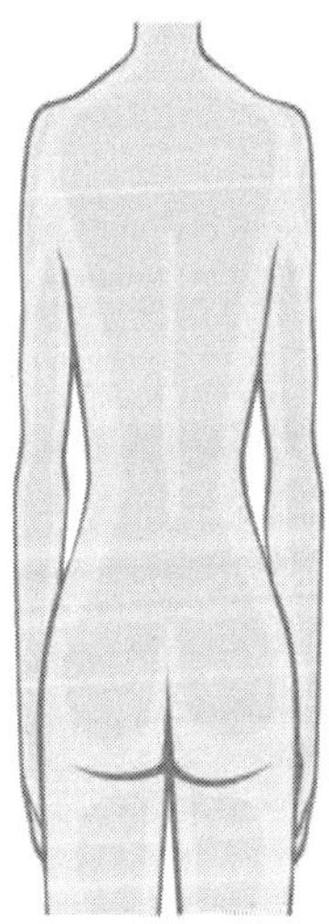		

등관리 동작 순서			
동작이름	테크닉 그리기	동작내용	비고
⑨ 양손으로 밀착하여 부채꼴 모양으로 내려가며 쓰다듬기	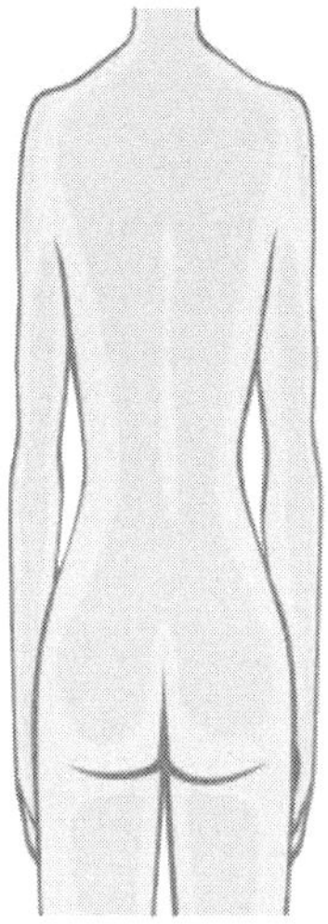		
⑩ 수근으로 승모근 자극하기	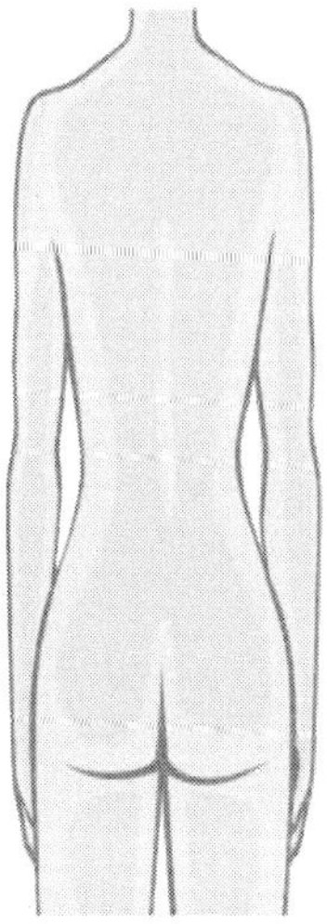		

등관리 동작 순서			
동작이름	테크닉 그리기	동작내용	비고
⑪ 하퇴 부위 안쪽, 중간, 바깥 쪽 주무르기	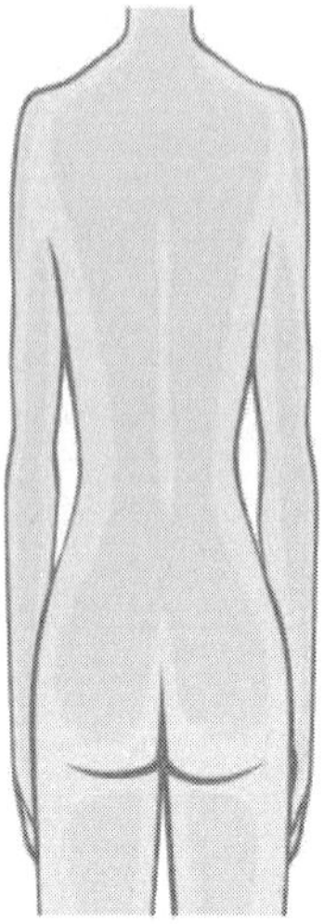		
⑫ 엄지손으로 척추 쓸어주며 내려가기	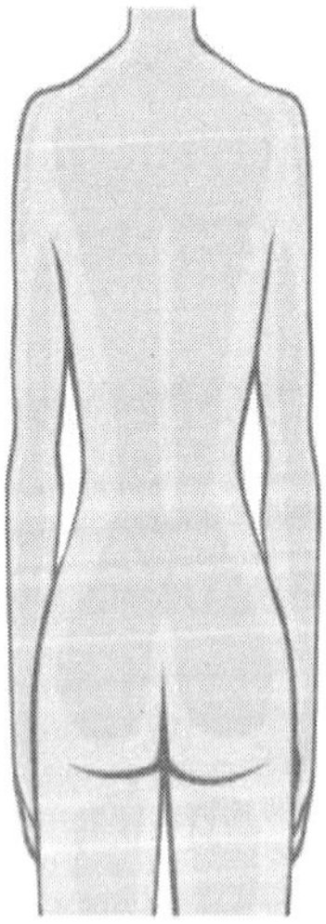		

등관리 동작 순서			
동작이름	테크닉 그리기	동작내용	비고
⑬ 엄지손으로 지그재그 척추 쓸어주며 내려가기	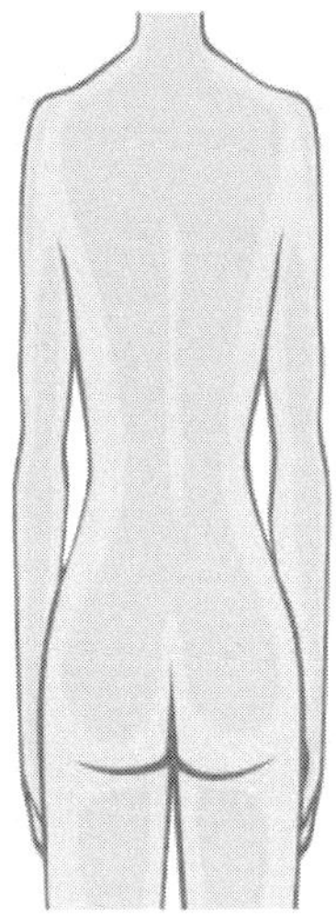		
⑭ 주먹으로 밀고 새끼 손가락으로 당기며 내려가기	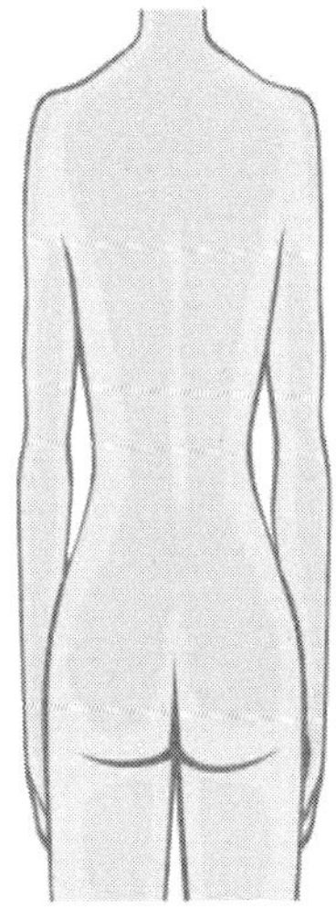		

등관리 동작 순서			
동작이름	테크닉 그리기	동작내용	비고
⑮ 전체 쓰다듬기	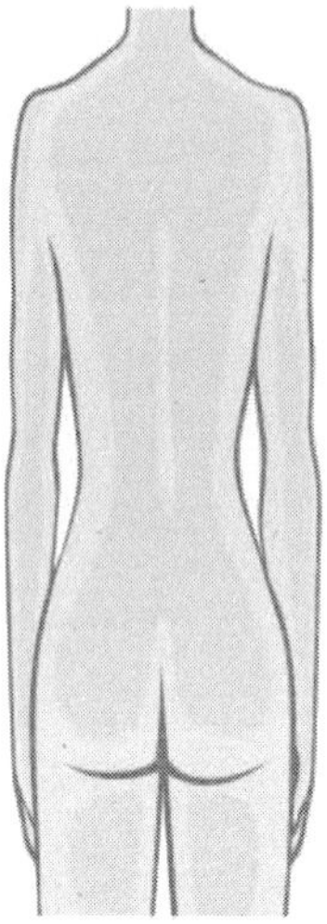		
⑯ 엄지손으로 문지르기	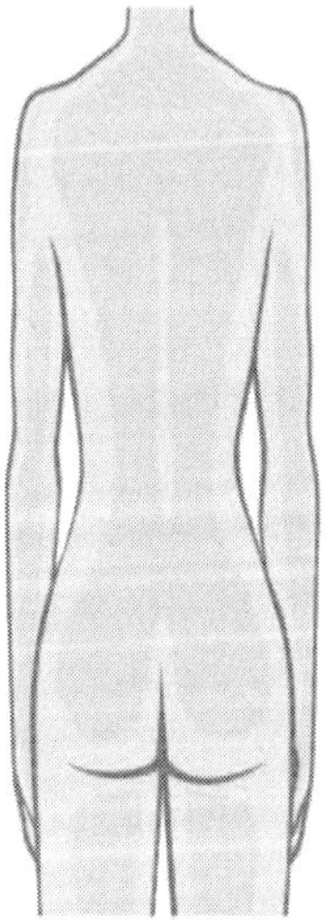		

등관리 동작 순서			
동작이름	테크닉 그리기	동작내용	비고
⑰ 주먹으로 자극하기	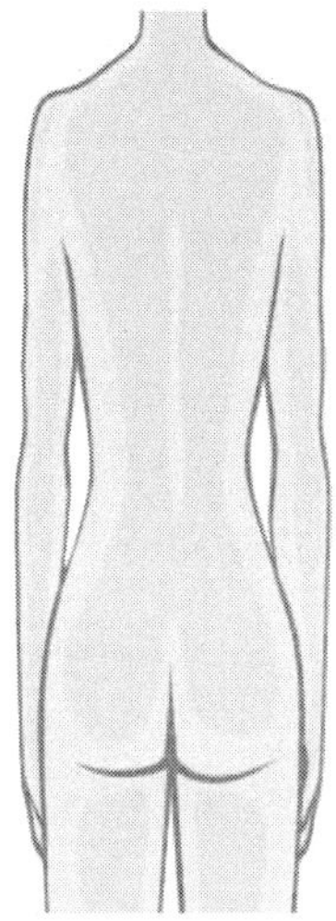		
⑱ 손바닥으로 문지르기	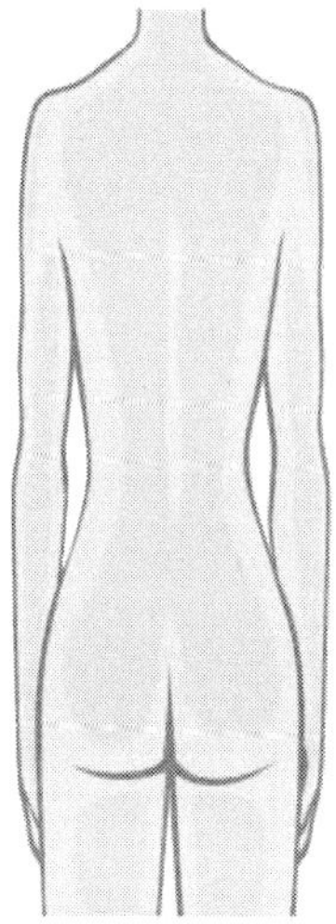		

등관리 동작 순서			
동작이름	테크닉 그리기	동작내용	비고
⑳ 전체 두드려 주기	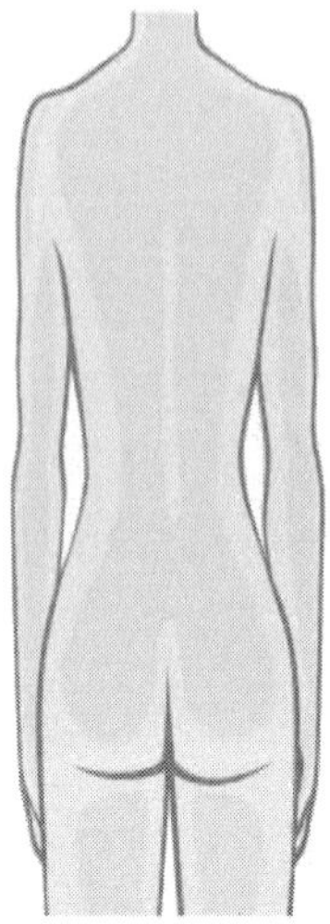		

[등 온습포 및 마무리]

① 온습포로 등 전체 덮어주기

② X로 스트레칭하기

③ 승모근 주무르기

④ 습포를 접어가며 등 닦아주기

⑤ 손장갑 만든 후 등 전체 닦아주기

⑥ 마른 타월로 남아있는 물기 제거하기

⑦ 젖은 화장솜에 화장수 묻혀 전체 쓸어주기

⑧ 핸드 드라이하며 마무리하기

Chapter

05 복부 관리

[클렌징하기]

① 해면으로 정리하기

② 온습포로 복부 전체를 클렌징하기

③ 핸드 드라이

[복부 관리]

① 양 손으로 복부 위에서 아래로 전체 쓰다듬기

② 장 연동방향으로 원 그리기

③ 양 손바닥 밀착하여 부채꼴 모양으로 쓰다듬기

④ 복부 양 손으로 교대로 쓸어주기

⑤ 양 손으로 교대로 한쪽 허리, 늑골부위, 장골 부위 쓰다듬기

⑥ 반대쪽 ⑤ 번 동작 반복

⑦ 복부 중앙에 손바닥 밀착하여 원 그리기

⑧ 복부 중앙을 손끝으로 자극하기

⑨ 복부 중앙 측면 주무르기

⑩ 주먹을 이용하여 복부 전체 원 그리며 자극하기

⑪ 양 손바닥을 대고 수근으로 밀고 당기기

⑫ 복부 진동하기

⑬ 전체 쓰다듬기하며 마무리하기

복부 동작 순서			
동작이름	테크닉 그리기	동작내용	비고
① 양 손으로 복부 위에서 아래로 전체 쓰다듬기	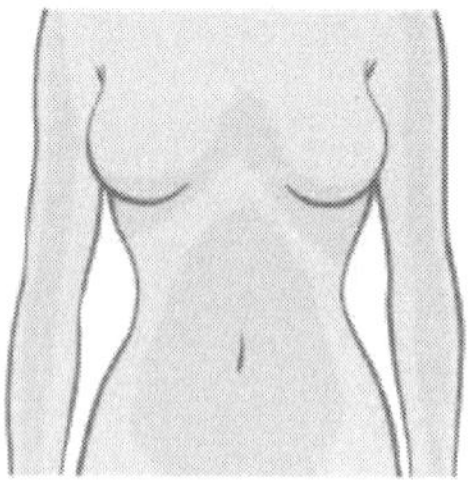		
② 장 연동방향으로 원 그리기	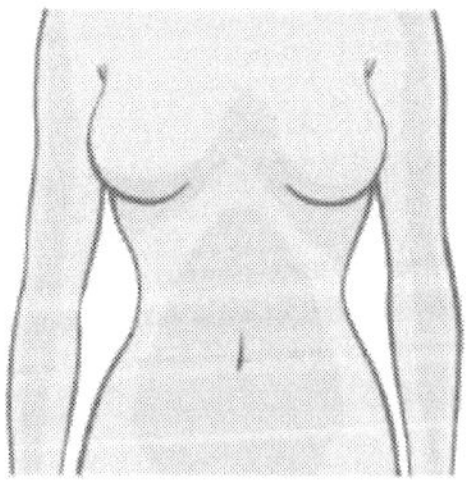		

복부 동작 순서			
동작이름	테크닉 그리기	동작내용	비고
③ 양 손바닥 밀착하여 부채꼴 모양으로 쓰다듬기	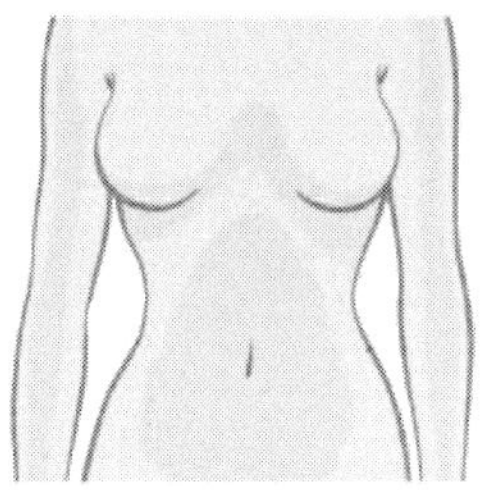		
④ 복부 양 손으로 교대로 쓸어주기	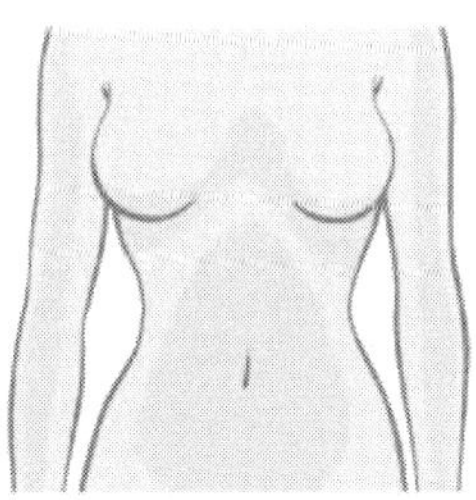		

복부 동작 순서			
동작이름	테크닉 그리기	동작내용	비고
⑤ 양 손으로 교대로 한쪽 허리, 늑골 부위, 장골 부위 쓰다듬기	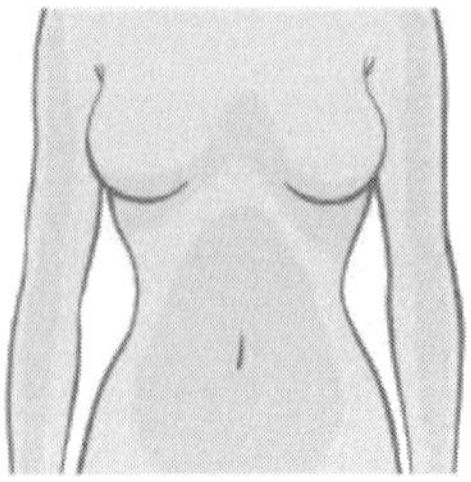		
⑥ 반대쪽 ⑤ 번 동작 반복	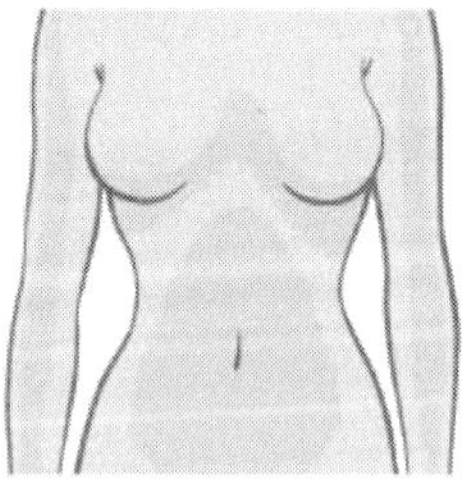		

복부 동작 순서			
동작이름	테크닉 그리기	동작내용	비고
⑦ 복부 중앙에 손바닥 밀착하여 원 그리기	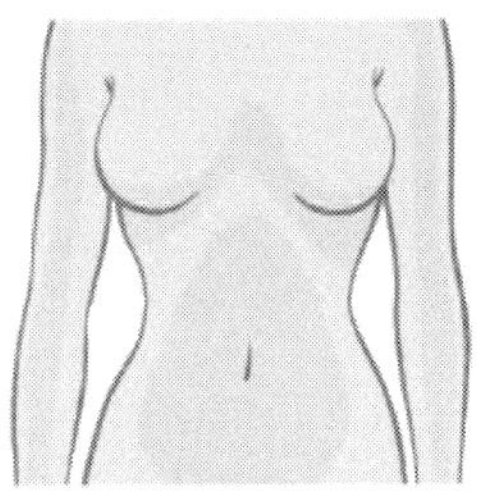		
⑧ 복부 중앙을 손끝으로 자극하기	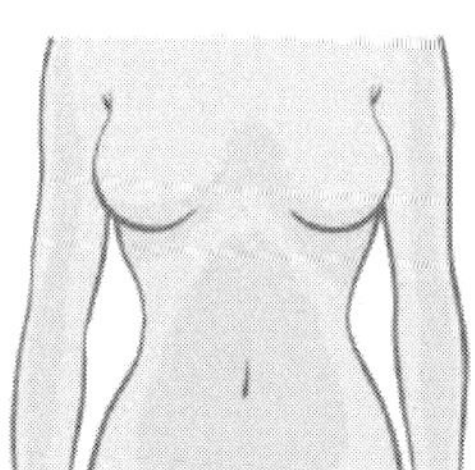		

복부 동작 순서			
동작이름	테크닉 그리기	동작내용	비고
⑨ 복부 중앙 측면 주무르기	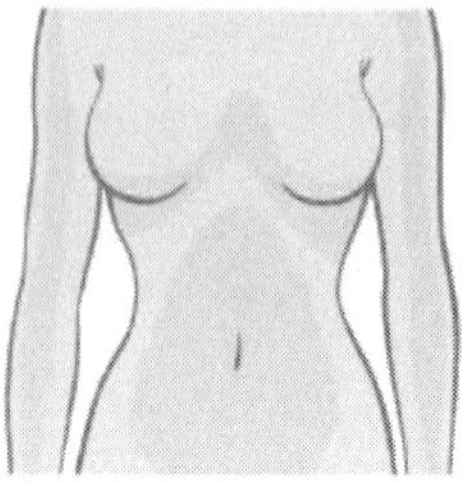		
⑩ 주먹을 이용하여 복부 전체 원 그리며 자극하기	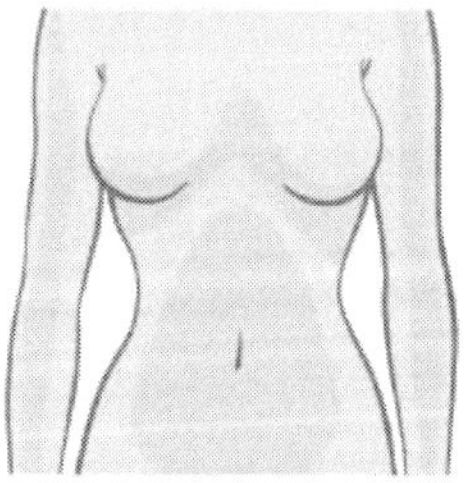		

복부 동작 순서			
동작이름	테크닉 그리기	동작내용	비고
⑪ 양 손바닥을 대고 수근으로 밀고 당기기	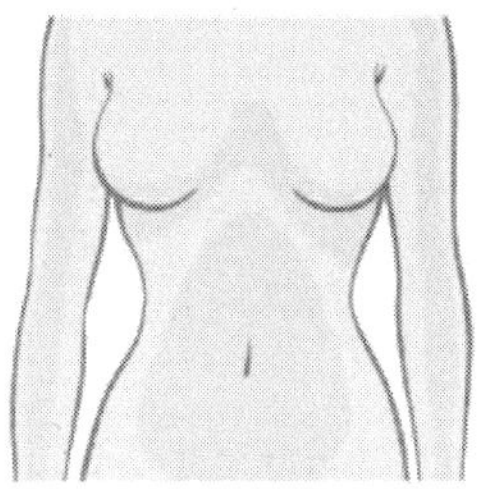		
⑫ 복부 진동하기	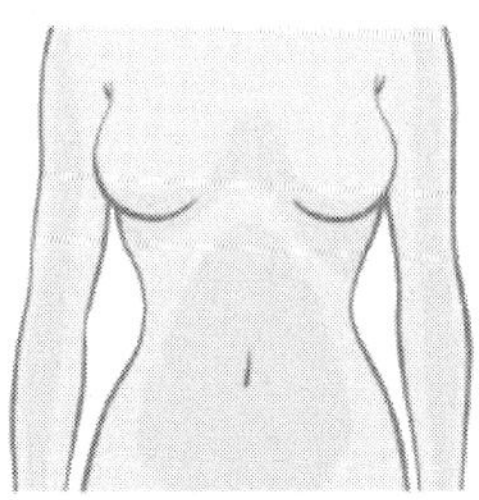		

복부 동작 순서			
동작이름	테크닉 그리기	동작내용	비고
⑬ 전체 쓰다듬기하며 마무리하기	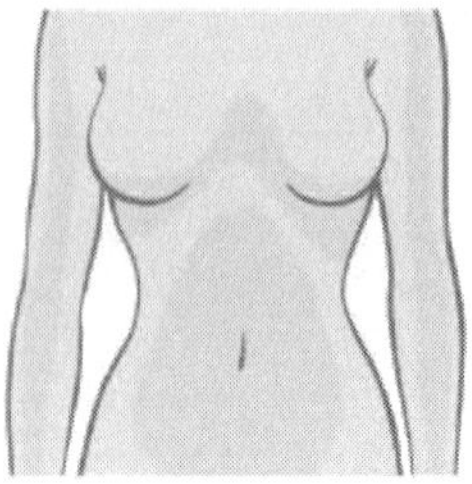		

[복부 온습포 및 마무리]

① 온습포 접어 복부 덮어주기

② 손바닥 밀착하여 복부 중앙 밀고 당기기

③ 습포를 잡고 닦으며 내려주기

④ 손 장갑 만든 후 등 전체 닦아주기

⑤ 마른 타월로 남아있는 물기 제거하기

⑥ 핸드 드라이하며 마무리하기

전신에 있는 근육 이해

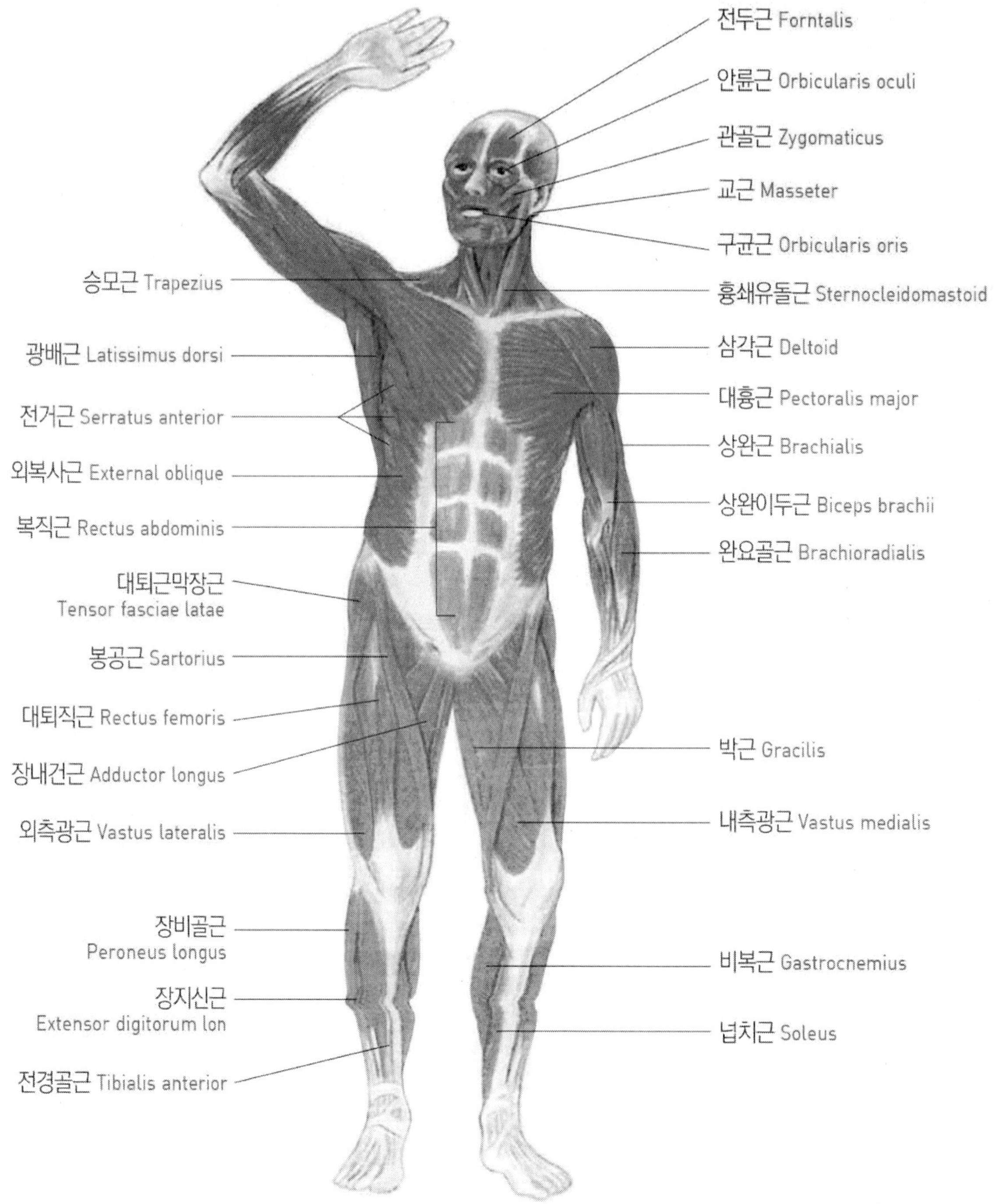
전두근 Forntalis
안륜근 Orbicularis oculi
관골근 Zygomaticus
교근 Masseter
구균근 Orbicularis oris
승모근 Trapezius
흉쇄유돌근 Sternocleidomastoid
광배근 Latissimus dorsi
삼각근 Deltoid
대흉근 Pectoralis major
전거근 Serratus anterior
상완근 Brachialis
외복사근 External oblique
상완이두근 Biceps brachii
복직근 Rectus abdominis
완요골근 Brachioradialis
대퇴근막장근
Tensor fasciae latae
봉공근 Sartorius
대퇴직근 Rectus femoris
박근 Gracilis
장내건근 Adductor longus
외측광근 Vastus lateralis
내측광근 Vastus medialis
장비골근
Peroneus longus
비복근 Gastrocnemius
장지신근
Extensor digitorum lon
넙치근 Soleus
전경골근 Tibialis anterior

전신에 있는 근육 이해

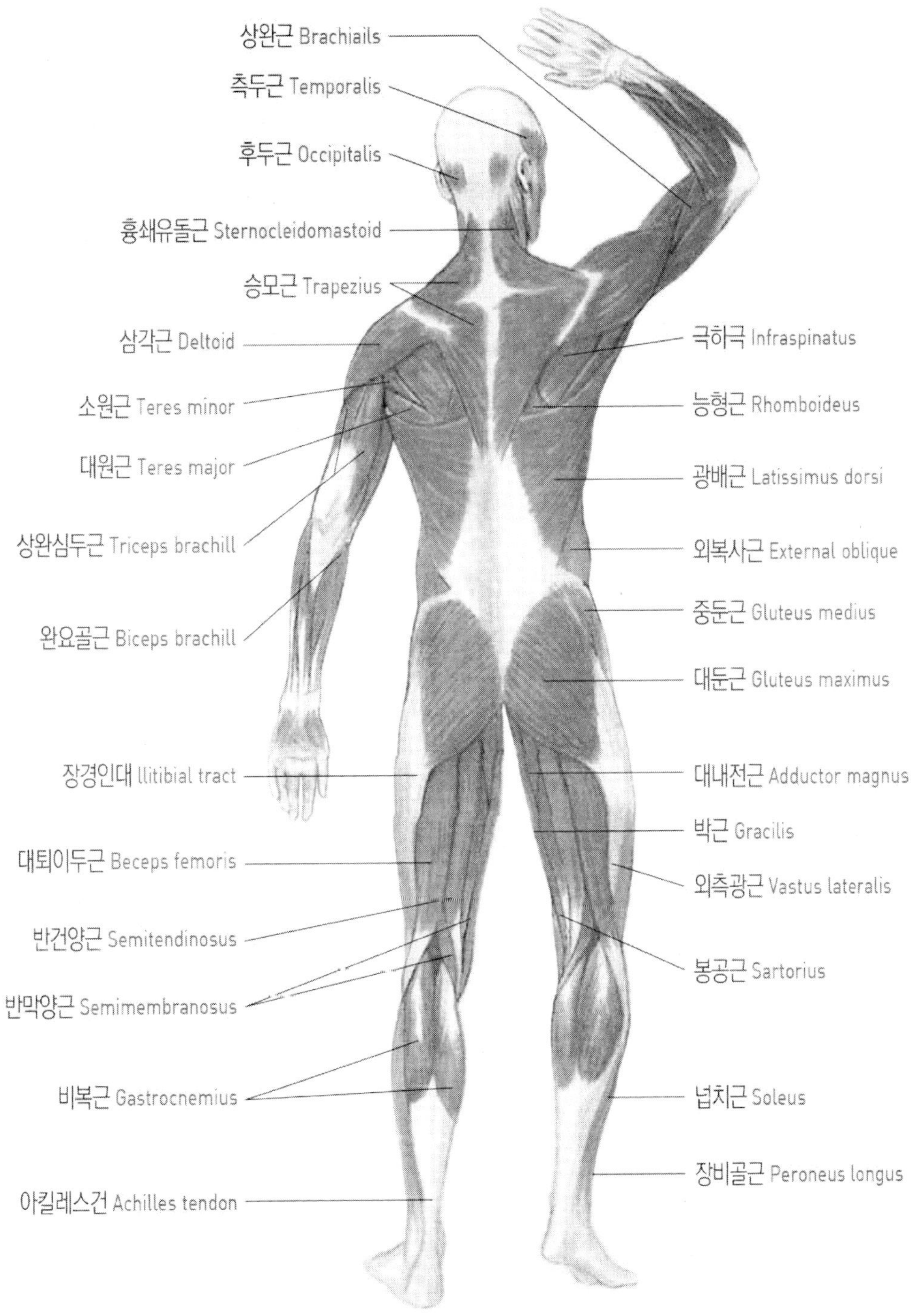
상완근 Brachiails
측두근 Temporalis
후두근 Occipitalis
흉쇄유돌근 Sternocleidomastoid
승모근 Trapezius
삼각근 Deltoid
소원근 Teres minor
대원근 Teres major
상완심두근 Triceps brachill
완요골근 Biceps brachill
장경인대 Ilitibial tract
대퇴이두근 Beceps femoris
반건양근 Semitendinosus
반막양근 Semimembranosus
비복근 Gastrocnemius
아킬레스건 Achilles tendon
극하극 Infraspinatus
능형근 Rhomboideus
광배근 Latissimus dorsi
외복사근 External oblique
중둔근 Gluteus medius
대둔근 Gluteus maximus
대내전근 Adductor magnus
박근 Gracilis
외측광근 Vastus lateralis
봉공근 Sartorius
넙치근 Soleus
장비골근 Peroneus longus

저자약력

박경선
신성대학교 보건미용과 교수
김경연
신성대학교 보건미용과 교수
장현숙
스파데이(프로네일) 부원장

Basic esthetics
베이직 에스테틱

2020년 2월 15일 초판 인쇄
2020년 2월 20일 초판 발행

저　　자 박경선 · 김경연 · 장현숙
발 행 인 조규백
발 행 처 도서출판 구민사
(07293) 서울특별시 영등포구 문래북로 116, 604호(문래동3가 46, 트리플렉스)
전　　화 02.701.7421~2
팩　　스 02.3273.9642
홈페이지 www.kuhminsa.co.kr
신고번호 제2012-000055호(1980년 2월 4일)
I S B N 979-11-5813-803-5 93590
값 12,000원